高等院校"十二五"产品设计类专业系列规划教材

U0270385

玩具与儿童发展

李　斌　主编

合肥工业大学出版社

图书在版编目(CIP)数据

玩具与儿童发展/李斌主编. —合肥:合肥工业大学出版社,2014.1

ISBN 978 - 7 - 5650 - 1643 - 1

Ⅰ.①玩…　Ⅱ.①李…　Ⅲ.①玩具—设计—高等学校—教材　Ⅳ.①TS958.02

中国版本图书馆 CIP 数据核字(2013)第 301683 号

玩 具 与 儿 童 发 展

李　斌　主编　　　　　　　责任编辑　王　磊

出　版	合肥工业大学出版社	版　次	2014 年 1 月第 1 版
地　址	合肥市屯溪路 193 号	印　次	2014 年 1 月第 1 次印刷
邮　编	230009	开　本	710 毫米×1010 毫米　1/16
电　话	综合编辑部:0551 - 62903204	印　张	7
	市场营销部:0551 - 62903198	字　数	100 千字
网　址	www. hfutpress. com. cn	印　刷	合肥锦华印务有限公司
E-mail	hfutpress@ 163. com	发　行	全国新华书店

ISBN 978 - 7 - 5650 - 1643 - 1　　　　　　定价:38.00 元

如果有影响阅读的印装质量问题,请与出版社市场营销部联系调换。

前　言

在欧美日等设计产业发达的国家，玩具业是创意产业的有力支撑，是源自个人创意、技巧及才华，通过知识产权的开发和运用，具有广阔致富空间和就业潜力的产业。而在我国，玩具业作为制造产业的代表，一直以来都因设计和研发环节的缺失而显得后劲不足。随着我国玩具企业逐渐由代工、贴牌生产转向自主品牌设计、生产，其对玩具研发人才的素质要求将越来越高。我国玩具企业将更需要能够协助企业自创品牌、拓展国际国内市场的高端研发人才。

玩具产业属于创意产业，同时，从主要消费者年龄层及玩具产业产品规模来看，玩具产业又属于儿童产业。但传统的玩具设计人才培养一直在"远离儿童"，更注重学生在基础表现技法方面的训练，忽视学生在儿童发展领域专业理论素养方面的提升。而事实上，好的玩具创意是否能够受到儿童的青睐，在市场上占据一席之地，很大程度上恰恰取决于设计者在儿童发展领域，包括儿童心理发展、儿童生理发展、儿童发展与玩具的关系等方面的造诣。因此，在玩具开发过程中，设计者必须站在促进儿童生理、心理发展与教育的高度，并遵循儿童发展的特点和规律，否则其开发的产品只可能是昙花一现，缺乏科学性与生命力。

本教材正是从满足当前我国玩具设计人才培养的实际需求出发，内容涵盖了玩具设计师在我国玩具行业由"制造"转"创造"的背景下急需补充的大量理论知识。教材内容涉及儿童发展心理学、儿童教育学、儿童卫生学、玩具概论等多个学科，涵盖面宽，综合性强。旨在使学生获得玩具设计所必需的儿童心理和生理发展的基础理论、儿童心理发展与玩具设计相关的理论知识，为学习玩具设计等相关专业课程以及毕业后从事相关工作打下必要的理论基础。本领域的教材建设在全国尚属空白，具有一定的开创性意义，既适合玩具设计相关专业的在校学生作为教材使用，也适合已经在设计一线的玩具设计师们作为工具书使用。

本书内容主要分六个章节，分别为玩具概述，儿童发展概述，玩具与儿童生理、动作发展，玩具与儿童认知发展，玩具与儿童情感、社会性发展，各年龄段儿童与玩具。其中第一、二章旨在帮助读者具备初步的玩具、儿童发展的相关知识，第三、四、五、六章则重点分析了玩具与儿童心理发展之间的诸多内在联系。

在本教材编写过程中，有不少专家、玩具设计专业教师、一线玩具设计师提出了宝贵的、建设性的意见与建议，在此谨表示感谢。由于编者水平有限、见解甚浅，不妥甚至错误之处在所难免，敬请读者批评指正。

编　者

2013 年 10 月

目　　录

第一章　玩具概述

玩具，简单地说，即是用于"玩"的器具。从字义上讲，是指供人们（尤其是儿童）娱乐和游戏的器具。现代玩具概念从内涵和外延上都比传统意义有所发展，已经集娱乐、休闲、科技、教育、健身以及辅助医疗为一体。

著名教育家、儿童教育专家陈鹤琴说："对玩具应作广义理解，它不是只限于街上卖的供儿童玩的东西，凡是儿童可以玩的、看的、听的和触摸的东西，都可以叫玩具。"

玩具具有娱乐性、教育性等特点。玩具的首要特性就是娱乐性，娱乐性主要体现在儿童在使用玩具中体验快乐；儿童在操作玩具中感受惊喜；儿童在摆弄玩具中获得心理满足。玩具是幼儿的"教科书"，能促进儿童认知的发展；能促进儿童道德的发展；能促进儿童情感的发展。

玩具不光适合儿童，还适合青年和中老年人，适合从出生到100岁的所有的人群。它是打开智慧天窗的工具，它让人们机智聪明。

第一节　玩具的起源与种类

距今约5000多年的古埃及文物中已有黏土、木材、兽骨和象牙等材料制成的玩偶，儿童墓葬中有小型饮具和生活用具。在距今约3000年的波斯文物中发现有下设圆轮的拖拉玩具。古希腊有用线绳启动的发声陀螺和动物形象的玩具。古罗马陵墓中出土了四肢活动的牙雕人像。

一、玩具的起源

玩具的历史悠久，其起源主要与以下一些因素有关。

（一）原始劳动生产和游戏是玩具起源的基础

自人类诞生以来，劳动和游戏事实上都属于人们改造世界的社会实践活动，并且相互密切联系、相辅相成，发挥作用。例如西安半坡村仰韶文化遗址中发现的石球和陶球，经考古学家鉴定，它们既是儿童生前的游戏器具，又都是当时狩猎业的重要工具——投打弹丸。这些当时的儿童玩具正是由原始劳动工具演化形成的，由此可见，游戏与生产劳动之间存在着非常重要的联系。

古遗址中出土的石球

（二）宗教赋予玩具成型的环境和条件

随着原始宗教由低级向高级发展，宗教意识逐渐强化，宗教祭祀也逐渐进化。早期墓葬和遗址中，随葬和遗留器物都是生产工具和生活及装饰用品，而后期墓葬则出现了专用于宗教活动的祭器，这些宗教用具在日后就有可能转化为民间玩具。

（三）民俗传统是玩具发展的生命轨迹

所谓民俗，即指民间的风俗，是一个国家或民族中广大民众所创造、享用和传承的生活文化。在漫长的人类社会发展当中，人们生活中的物质生产及文化生产逐渐形成自己的特点与风俗，并用以规范人们的生活，其中当然也包括了对娱乐、玩耍等精神追求的规范和影响，玩具作为民间用具的一种，自然也具备了民俗的特征。

在我国的各项民间活动中，各色民俗延伸而成的玩具则更为我们所熟知。如：春节庙会上的糖人、风车、空竹、风筝；早些年小街巷里男孩玩的抽陀螺、滚铁环，女孩玩的香荷包、唱着"马兰花"跳的橡皮筋等等。

传统玩具：抽陀螺　　　　　　　传统玩具：跳皮筋

二、玩具的种类

玩具的种类繁多，根据不同的标准，玩具可以分为不同的种类。

（一）按玩具的使用材料分类

1. 木制玩具

木制玩具是玩具中的一大门类，由于其原料易得，且可塑性强，因此由古到今，木制玩具的数量和种类非常庞大。最早的木制玩具以简单的手工雕刻为主，有木马、木马拖拉玩具等。随着时代的进步，木制玩具也并未故步自封于历史的一隅，更多种类的新品应运而生，如立体造型的拼图，各式仿真模型，等等。

传统木制玩具：孔明锁

现代木制玩具：木马儿童车

2. 布绒玩具（毛绒玩具）

毛绒玩具就是用各种化纤、纯棉、无纺布、皮革、长毛绒、短绒等原料，通过剪裁、缝制、装配、填充、整形、包装等工序制作的玩具。

3. 塑胶玩具

塑胶玩具主要是指各种用塑料、橡胶、树脂、硅胶等化学合成材料制作的玩具。色彩鲜艳、轻便精巧，可活动，或可拆卸拼装，具有很好的观赏、收藏价值以及把玩性。现在市场上的塑胶玩具种类有人偶、模型、扭蛋、食玩、手办、挂卡等。

毛绒玩具

塑胶人偶

4. 其他材料玩具

（1）金属玩具：提到金属玩具，很多人大概会想到机械人玩具，机械人玩具的代表是铁皮机械人玩具和铁皮发条玩具。除了人物造型，还有飞机、火车、轮船、汽车模型等铁皮模型玩具。

（2）陶瓷玩具：比如无锡的泥娃娃，憨厚可爱的造型，鲜艳的色彩，极具民俗特色的彩绘风格，仍然受到很多外国收藏者的喜爱。

（二）按玩具的功能分类

按功能对玩具进行分类，主要包括以下几种：户外娱乐类玩具、益智类玩具、观赏收藏类玩具、操作类玩具、创意类玩具。

1. 户外娱乐类玩具

顾名思义就是具有户外活动娱乐功能的玩具类型，并且总是和运动分不开。比如小时候玩的小皮球、小三轮车，现在流行的滑板、溜冰鞋，还有各种遥控飞机、轮船、汽车等。

户外玩具：遥控飞机　　　　　　传统益智玩具：七巧板

2. 益智类玩具

如拼图、七巧板、模类、魔方等，都具有很强的可玩性，而且蕴含了丰富的哲理和智慧。

3. 观赏收藏类玩具

观赏收藏类的玩具多呈系列化、套装

动漫周边玩具：手办

化。一般都是被大众接受和喜爱的形象或是具有特殊的艺术审美价值。比如电影、游戏、卡通、动漫的周边玩具。

4. 操作类玩具

模型玩具分为静态和动态两种。如动态模型玩具中的遥控飞机、汽车等，都是属于有很强操作性的玩具。

（三）按玩具的作用分类

1. 认知玩具

这些玩具使儿童既动手又动脑，具有发展智力、启迪智慧、提高认识、丰富知识的作用，也是父母比较注重给儿童选择的玩具。这类玩具包括以下几种：

（1）拼图玩具：由各种形状各异、内容丰富的拼板组成，在儿童对图形的组合、拆分、再组合有一定认知的基础上，锻炼独立思考的能力，同时培养他们的耐心和持之以恒的精神。

拼图玩具

（2）游戏玩具：在提高儿童认知能力的基础上，培养孩子的动手、动脑能力，开发他们的思维，锻炼操作技巧和手眼协调的能力。

（3）数字算盘玩具：在训练孩子镶嵌能力的同时，进行大动作的练习，训练幼儿的精细动作，启发孩子对形状、数、量的准确理解，进而锻炼肌肉的灵活性。

（4）工具玩具：主要让儿童认识、掌握各种工具的形状、颜色和构造，在这个过程中训练孩子们的实际动手操作能力和手眼协调能力以及开发想象力。

（5）益智玩具：培养孩子的空间想象能力及精细动手操作能力，从而加深对时间、动物、交通工具、房屋形状和颜色等方面的理性理解。

（6）积木：激发孩子们的动手兴趣，培养幼儿合理组合搭配的意识和空间想象能力；巧妙的拖拉设计，锻炼儿童的行走能力，鼓励孩子的创作成就感。

（7）交通玩具：通过提高儿童对火车、汽车及各种工程车构造的认知和了解，在这些基础上训练其组装、拖拉和整理的能力，提高动手意识和生活自理能力，并通过拼搭了解物体之间的变换关系。

积木

（8）拖拉玩具：提高孩子们的认知能力，根据不同的拖拉动物，让其知道各种动物的不同特点，锻炼他们在大范围内的行走能力。

2. 社会生活玩具

这类玩具是通过让儿童模仿、扮演某类社会角色去加深对周围世界的认识，感受成人世界，体会社会角色，丰富社会知识，进而培养宝宝良好的个性和社会性。

（1）娃娃及动物形象玩具：这类玩具可以满足宝宝爱与被爱的情感需要。

（2）娃娃家游戏用具：包括各种娃娃家小餐具、小家具、小衣服等等，儿童可以模仿大人做娃娃的妈妈或爸爸，像父母

社会角色类玩具

照料自己那样"照料"他的宝贝。

（3）社会角色型玩具：如一套塑料木工工具玩具，里面包括小锤子、小改锥、小电钻、小锯、小尺等；一套医生用具玩具，里面有小听诊器、小注射器等。

（4）卡通玩偶类：父母忙碌时，需要一

卡通形象：妈妈与宝贝

些陪伴儿童们的娱乐型玩具，而造型可爱的卡通玩偶则是孩子们广为欢迎的。

3. 体育玩具

这类玩具可以活动宝宝身体，通过跑、跳、投、爬、平衡等方法，锻炼宝宝的四肢肌肉、心肺功能及身体的反应能力，使肌肉结实、反应灵活、动作协调、身材健美、身体健康。

（1）球类玩具：乒乓球、羽毛球、小足球、小篮球等，依年龄不同为儿童选择适合的球类，锻炼儿童手眼配合，动作协调。

（2）车辆玩具：小三轮车、小自行车、小摩托车等，都可以锻炼孩子的腿部力量。

（3）传统体育玩具：风筝、风车、跳绳、陀螺等。

趣味体育玩具在学前和小学教育中有广阔的应用空间

4. 成人益智玩具

（1）趣味性玩具：这类玩具不需过多费脑，只是大家在一起或自己闲暇时调节一下心情的玩具。让人感觉是在一种过程中体验刺激的感觉，像搭搭木、抽木棒、弹簧棋等均属此类玩具。

（2）接环类玩具：考验人耐心的一类玩具。

（3）拼插类玩具：需要调整心态，分工合作，体现"团队精神"的一类玩具。

（4）考验类玩具：是一种创意分类，像魔盒、魔戒还有个性拼图，都属于此类。

（5）棋类玩具：可以培养逻辑思维、立体感和整体控制能力。

第二节　玩具的价值与功能

一、玩具的价值

（一）玩具是为了建构儿童与世界之间的关系

对于儿童来说，玩具是他们生活的一部分。如果将儿童的活动粗略地分为工作（这里的工作是指以工具为中介来追求外部结果的活动）和游戏，因活动态度的不同，儿童与事物发生着不同的关系。

在追求成果、报偿等外部结果的工作中，儿童按照事物的常规使用工具，规范自己的行为，学习别人的知识经验，以便尽可能有效地取得成功；在游戏中，儿童突破常规寻求不同变式，创造性地使用玩具，在想象和表现中获得愉悦。

工作使人与世界结成一种功利性关系，而游戏使其结成一种审美性关系。二者使得人的生活保持整体的平衡。

在发展的过程中，工具和玩具作为儿童与世界联系的中介，作为他们动作的对象，不仅规定着他们动作的方式，而且蕴含着他们对待世界的态度，确定着他们看待事物的视角。儿童出生的世界，已不是原始荒蛮的纯自然，而是处处打着人类活动烙印的社会，几乎所有的物，都带有成人的规定性，都积淀着人类的历史文化。一部工具（广义的工具）史，就是一部人类历史文化发展的史诗。在使用这些人化了的物时，儿童就潜移默化地接受了蕴藏在其中的思维方式、价值观。与不同意义的物的相互作用，给予儿童看待世界不同的视角。只有获得更广更丰富的视角，才能使得儿童成为完满丰富的存在。

由此，玩具的意义决不仅仅在于一种表面的操作，而是对儿童心灵的塑造。好的玩具能够在儿童与世界之间建构起富有意义的关系。

1. 亲密性的关系

这种亲密性是由游戏活动的特点造成的。在游戏活动中，结果直接体现为过程本身。与工具相比，玩具在游戏中与儿童更为紧密地结合在一起，它的价值贯穿整个游戏，并不附属于一个游戏之外的结果。工具作为手段而铺展的人与世界的距离消失了，一种亲密无间的关系弥合了活动手段和目的的鸿沟。如果说工具展现的是"我需要这个世界"，那么玩具则展现了"我就是这个世界"，我与世界的合二为一正是游戏的存在。

在游戏的过程中，专注的儿童与世界"融为一体"

玩具的价值应该在于消除儿童与世界的手段性距离而达到一种融合感。还是那个进食的婴儿，在他将饭匙作为获取食物的工具时，他的目的是身外的食物；而当他快乐地挥舞和敲打饭匙时，他的目的就是他自身了。饭匙在此刻与他的快乐是相交融的，它的光亮、声响和掠动的形影吸引了他的注意，这使他的身心处于一种完全的舒展状态。此时此刻，世界不再是彼岸，须得他以工具为舟而渡，而就在此岸与他息息同在。

2. 生命性的关系

玩具于儿童而言是他们的伙伴，而非冷漠的没有知觉的物理实体。他们创造了一个充满情感的世界，儿童通过玩具与世界发生的是一种生命对生命的发现和交往，与人和物的关系截然不同。他们将周围的一切都设想为充满生命的、有感情的。不管是物品还是他人或是纯粹的幻觉，都被儿童打上了人格化的烙印，留下了他们自己生命的痕迹。这种生命性的关系与艺术家的内在审美体验有共同之处，因为他们都是透过物发现了背后隐藏的生命意义。在现实中或许被称作是虚构的，然而在他们心里却无比真实，因为它激荡起了他们最真切的喜怒哀乐。也正因为世界成了儿童自我生命的一种扩展，因此带有强烈的个人特征。这种经验和情感上的独特性，亦是生命的特性所在。与工作所建构的那个充满规律和重复的世界相比，游戏建构的是一个个性与情感的世界，玩具在其中起着媒介和引导的作用。

3. 发展性的关系

你给他一个世界，他还给你无数个世界。走过漫长的历史进程，人们才逐渐认识到儿童不是一个只会模仿、要他怎样就怎样的机器；也不是一个墨守成规的小大人，而是一个充满鲜活的创造力和强劲的生长力的个体。儿童与世界之间关系的意义性也表现在：它们之间并不是一出生就结成了固定僵死的连接——儿童只会按照一种早就预成的模式，像生产出的产品一样奔向封闭的成熟；而是与世界形成一种发展性的关系，在交互作用中通过自我的活动来完成对世界和对自我的双向创造。游戏最能体现儿童的创造精神：一根竹枝可以是马，可以是马鞭，也可以是战斗的武器。发展永远没有端点，没有边界，永远处于创造之中。好的玩具可以最大限度地激发儿童创造的热情和想象力，而不是将儿童的行动、思维和情感固定于一套僵死不变的程序之中。

4. 交往性的关系

人是交往的存在。交往是人先于任何知识性、对象性关系的活动，是人与人的关系。在雅斯贝斯看来，存在就意味着交往，交往确定着存在的共同性与界限。长期以来，交往在教育领域一直被视为教育教学活动的手段，它的价值从属于一个知识的或技能的目的。近些年来，交往的本体性价值逐渐得以凸显，人们开始关注它在儿童发展中的本质内涵，同时也认识到，任何物、具，都是为了建构人与人之间的关系。玩具是儿童生活中的"物"，但它应该追求的是和谐自由的人际关系的达成，应该超越物性而体现人性。儿童以玩具为中介的交往行为是在游戏中完成的，有与伙伴的交往，有与自身虚构出的主体的交往。玩具应该引起交往，而不是瓦解、堵塞交往。在现今科学技术高度发达、人与人之间关系日趋隔离疏远的情形下，这尤其具有现实意义。现今的许多玩具，过度突出其中的技术因素和材料因素，使得儿童沦为孤独的游戏者。

（二）玩具是为了拓展儿童发展的空间

儿童是一个处于成长发展过程中的人，这个过程就是一个不断创造发展空间的过程。将发展的可能性视为一种空间，以维果茨基的"最近发展区"学说最为人熟知。已经达到的和可能达到的之间有一个诱人的地带，这个地带的大小、宽窄不是纯粹由自然的生长或是外界的强制模仿决定的，也不是固定不变的；而是由儿童和教师在活动中创造的。教育作为一种强有力的因素介入儿童的生活，并构成了儿童生活本身，它着力于拓展儿童发展的空间。在教育的视野里，游戏是儿童自主发展的方式。通过游戏，儿童进行身体的活动、情感的交流、思想的激发，由我及人，由近及远，由现实及梦想，在愉悦中完成自我的整体扩展。玩具会影响儿童在游戏活动中的行为，早在 20 世纪 30 年代就有人开始了这类研究。研究有两个主题：一是不同的玩具对幼儿认知及认知水平的影响；二是玩具的真实性与建构性对幼儿角色游戏的影响。这些研究结果被

互动类游戏给儿童更宽广的表达空间

广泛运用。人们提供不同类型的玩具给幼儿，以促使他们在游戏中获得更好的发展。不同类型的玩具会引发不同的活动。国外有研究者发现：单独游戏常出现于桌面游戏；积木角和娃娃家则明显引发团体游戏；而平行游戏则多

出现于美工角与图书角。而彭利格瑞尼的研究显示，当学前儿童在不同角落里游戏时，语言会有不同。孩子在娃娃家所用的语言，会比在积木角、美工角、水箱、沙箱角所用的语言在词句上更清楚，想象力更丰富及更有连贯性。不同类型的玩具在儿童发展的不同方面有着不同的作用。好的玩具能拓展儿童发展的空间，引导他们利用资源，建立广泛而独特的与世界、与人的联系，从一个狭小的自在的生命体成长为一个开放的能动的自我。

1. 玩具拓展儿童的机体空间

机体空间可以说是最低层次、最原始的空间形式，它并不是人类专有的。每一个有机体都生活在某种环境中，使自己不断适应这个环境的各种条件才能生存下去。非条件反射及在其基础上建立的条件反射是儿童最原始最基本的活动。儿童需要这些基本的活动能力，这些能力也在活动中得到锻炼和发展。一切心理的发展，都来

玩具促进儿童感官能力发展

源于机体最简单的动作。在生命发育的最初阶段，心智的发展是以身体活动范围的扩展为基础的。因此，在婴儿期应提供给孩子更多的发展他们大小肌肉的运动能力和刺激各种感官发育的玩具。这些玩具色彩鲜艳，可以重叠堆组，活动他们的肢体。大致有发展视觉的玩具，如灯笼、气球；发展听觉的玩具，如手摇铃、拨浪鼓；发展手部动作的玩具，如积木、敲打物；发展站立和行走的玩具，如学步车、小球，等等。在整个学前期，机体活动能力的增强都显得十分重要。随着儿童活动范围的加大，与人交往的增加，他们的所知所见日益丰富多样，经验的积累为心智的发展不断提供了原料和动力。

2. 玩具拓展儿童的符号空间

抽象空间是儿童进入符号世界以后开始建构的。在生命早期，婴儿能在动作水平上形成某种抽象，能开始协调感知和动作间的活动。而到幼儿期，他们则开始以符号作为中介来描述外部世界，这时的抽象是在表象的水平上

形成的。随着语言的出现和发展，儿童日益频繁地用表象符号代替和描述外界事物。

"假装游戏"提高儿童心理表象能力

　　凭借表象思维，不仅可以进行各种象征性的活动或游戏，而且可以理解童话故事中关于过去及远方的事情。到小学阶段以后，儿童才开始出现初步的逻辑思维，能在概念符号水平上进行思考。从动作水平上的符号到表象水平上的符号再到概念水平上的符号，儿童逐渐掌握了完整的符号系统，进入了人类社会文化体系。符号空间是人所特有的。就机体的空间和行动的空间而言，人在许多方面都低于动物。而符号空间"不仅为人开辟了通向一个新的知识领域的道路，而且开辟了人的文化生活的一个全新方向"。作为人类文化产物的玩具，本身就积淀着符号的特征，这些特征在游戏中被激活，被儿童加以解释和内化。角色游戏中发生的以物代物即是符号的活动。这种替代使儿童得以超越真实事物本身，在物与物之间建立人为的联系，将一物视为另一物的象征。玩具还引发儿童更多的符号行为，如他们对玩具施加各种动作，进行更丰富的语言交流。玩具与儿童的心理活动有较大关系。在艾因希德勒的一项研究中，把玩具的现实性程度（仿真程度）改变，而玩具的复杂性程度不变，发现玩具的现实性程度越高，儿童越容易遵循材料本身的意图，较少去开发新的游戏主意，易于更多地去做模仿动作。有一些种类的玩具（更大程度上应称为教具）本身就显现为符号的形象，如一些带有形象的字母玩具，能强化儿童对抽象符号的直接印象，加强抽象符号与事物形象的联系。但这一类玩具是靠儿童的触摸摆弄来游戏的，给他们的是一些符号的感受，如果强迫他们进行理智的学习，则失去了作为玩具的意义。符号空间的拓展使儿童进一步具备全面占有人类文化的可能性，也使得他们有可能在学习的基础上创造自己个人的文化。

3. 玩具拓展儿童的社会生活空间

个体的儿童是在与人的交往中成长发展的。随着儿童活动范围的扩大，交往的人日趋增多，性质日益复杂，他们学习和他人和睦相处的技巧，诸如合作、分享和帮助他人发展出解决社交问题的能力，并学习如何抑制攻击和冲动性行为。这些社交技巧包括了解他人的想法、情绪，以及从他人观点看事情的能力。游戏错综复杂地包含在社会化的过程中，同时游戏在社会性发展中也扮演关键角色，提供了一个儿童获取社会技巧和理解他人的环境。玩具是游

互动类玩具促进儿童的社会性发展

戏中的物品，重要的是它要建构人与人之间的关系。前面已论及不同的玩具能引发不同的游戏，比如乐器、玩具电话、颜料和画架、沙和水等物品容易引发团体合作性游戏；而拖拉玩具、智力玩具、模板和挖洞活动则在单人游戏中出现更多。

另一些研究人员的报告则指出，团体戏剧性游戏水准与儿童的同伴欢迎度及社会技巧有显著的相关。经常投入社会戏剧性游戏的儿童，被教师和同伴评为较受欢迎的，这些儿童也被教师评为较有社会技巧。同时也发现，平行建构游戏（与其他儿童坐在地上，各玩积木）与同伴欢迎度、教师的社

会能力评分及社交问题解决之测量得分有显著的相关。国外此类的研究众多，无一不说明玩具、游戏与儿童的社会性发展有密切的关系。玩具引起儿童创造情节，刺激他们的想象，在游戏中创造性地再现社会生活，从角色的扮演中来感受和理解他人的情感和行为。从与自己最为亲近的父母、同伴到教师、社会其他职业者，儿童在游戏中表现的社会空间日益扩大和成熟，同时使他们在现实社会中的人格发展得以控制和塑造。

玩具是为了建构儿童与世界之间的关系，是为了拓展儿童的发展空间，好的玩具能够创造儿童发展的空间。玩具是复杂多样的，有些玩具功能单一，有些则富于变化。但对于儿童的发展而言，并非这些玩具本身之间存在着绝对的优劣。关键是将玩具放在儿童整个的发展中，看它们是否能创造更开阔的发展空间。

在某一情景中，一根小棍可以生发出无数想象的空间，可以被孩子当马鞭、当马、当柴火、当手电……比仿真的玩具更能激发儿童的活力；但在一个想象力低下的儿童的游戏情景中，也许仿真的马鞭能使他有更清晰的想象和构思的活力。在某一时段，儿童可能会对某一玩具有兴趣，它可能也会带来较大的发展效益，但过后也许会被别的玩具所取代。他也可能会对某一玩具有持续的兴趣，但其引发的活动内容在不断复杂化和细腻化。他也可能同时会喜欢好几样玩具，这些玩具能满足他在同一时候的不同层次的需要。这些都是发展的表现。但作为教师和父母，要考虑的是他们在哪些方面获得了发展，以及这些方面的发展对于儿童整体发展而言是否合理，在整个发展历程中有着什么样的地位。

二、玩具的功能

要关注儿童的成长，必须关注儿童的游戏；要关注儿童的游戏，必须重视儿童使用的玩具。玩具是儿童的秘密伙伴，能给儿童带来无限的欢乐，是儿童认识周围世界的工具，也是发展儿童智力不可多得的教科书。正如鲁迅所说："游戏是儿童最正当的行为，玩具是儿童的天使。"

（一）娱乐功能

娱乐功能不仅是玩具的基本功能，而且是玩具最原始的功能。因此，益智玩具也必须具有娱乐功能。可以说，孩子们在玩游戏与玩具的过程当中，就是对现实生活的体验，如扮家家、搭积木、下围棋等游戏，儿童通过玩具模仿，体会人们的爱憎，形成他对事物的态度，在多次玩耍同一玩具中体验着同一情感，每个人以自己的方式参与游戏当中，给人一种难以忘怀的愉悦记忆。尤其是益智玩具，既能满足孩子们体验动手的快乐，又从中学到各种知识，为孩子开辟了一个生动有趣的第二课堂。每一次新的体验都是在帮助他们转动开门的钥匙。

人人都有一段漫长的童年，而玩具对每个人也都不陌生，没有一个儿童不愿意嬉耍，没有一个孩子没有自己感兴趣的玩具，游戏是儿童不可缺少的生命活动。就连成年人，当看见一个憨态可掬或精灵怪气的玩具时，也会激起童心，快乐

玩具并不是儿童的"独享物"

得像个孩子。俗话说："八十老人赛儿童"，老年人也需要玩具娱乐身心，调节情绪，消除孤独。玩具对各年龄层次的人的娱乐作用是不言而喻的普遍的体验。

（二）益智功能

玩具的一大功能就是开发智力、增长知识、感知世界。儿童智力的高低与遗传因素有关，但是一个人的智力是能够得到最大潜力的发挥的，这与儿童期的早期教育有着很大的关系。据国外有关研究发现，玩具可以刺激每个脑神经元多生成25%的突触。一个设计良好的玩具，不但具有趣味性，还具备科学性、教育性和艺术欣赏性。儿童借助玩具，进行有趣的游戏活动，模仿学习，认识和了解周围的事物以及人类生活。儿童在玩耍的过程中，儿童的情绪、情感都处于最佳的状态，不仅能有效地学习知识，也能很好地促

进智力的发展。科学试验证明，对婴幼儿、儿童的早期智力开发，用玩具作为游戏方式，收效非常大。我国著名教育家、儿童教育专家陈鹤琴先生经过长期研究实践指出："玩具在幼儿教育中占着非常重要的地位，正如中小学的教科书一样不可缺少。"我国著名思想家于光远提出："我认为，正如母亲是人生第一个教师那样，玩具是人生第一本教科书。"通过正确引导儿童玩玩具，开发智力、增长知识、锻炼思维、学习技能、培养品德、强健体魄，对促进儿童身心健康发展具有重要意义。

不论古今中外，益智类玩具一直都大受欢迎

（三）教育功能

玩具的教育功能是玩具设计人员必须考虑的内容。据儿童心理学家研究，95%的儿童均能在游戏的氛围中领会更多的知识。儿童可以通过玩具这一有效游戏载体，学习周围事物，培养个性，发展体格，增长智慧。玩具赐给儿童的不仅仅是乐趣，更多的是智慧、知识和力量。例如，玩拼装玩具可以让孩子学会分类、选择、拆成各种形状，提高对不同形状及相互之间关系的认识，还有助于区别不同的颜色；玩拼

寓教于乐的玩教具往往能起到更好的教学效果

装模型可以提高孩子观察和领会事物的能力；玩纸牌游戏有助于孩子集中注意力；玩搭积木还可以培养他们的造型能力、色彩认知能力、思考能力，甚至孩子们一起玩乐还能培养沟通、合作能力。玩具是儿童的第一本教科书，是启迪儿童智慧的金钥匙。所谓"寓教于乐"、"寓教于玩"就是对玩具教育性最好的概括。

（四）健身功能

像滑梯、转椅、摇船和攀登架、秋千、蹦蹦床及多球床、电瓶车，还有碰碰车等大型运动性玩具，都是孩子最感兴趣的，这些活动锻炼了骨骼和肌肉，发展了身体的平衡能力和灵活性，从而促进了大脑和小脑之间的机能联系，促进了脑部的发育。例如攀登架可锻炼孩子左右足交替攀登，使上下肢肌肉发达、灵巧；攀登使孩子瞬间"长高"了，培养自信、向上、勇敢的性格，还使孩子体察到自己的能力，获得情绪上的满足。在一次次地尝试到成功的喜悦之后，他又会去体会其他运动性玩具的乐趣，在蹦蹦床上翻、滚、爬、跳；在钻洞时低头、弯腰；在秋千上能摆得很高练平衡，多项运动性玩具能培养孩子灵巧、勇敢、适应高空平衡，从而促进动作的发展。

（五）情感功能

从我国的家庭结构来看，目前的家庭结构呈现出"421"结构型，这意味着独生子女已经成为家庭结构的普遍现象。在独生子女家庭中，带给儿童最重要的心理影响就是由于缺乏与之心理年龄相适应的沟通语言、游戏伙伴，而容易形成孤独感和失落感，严重的还会患上抑郁症、焦虑症等心理疾病。因此，需要借助玩具娱乐身心，调节情绪，寻找生活的乐趣。此外，玩玩具可以弥补他们的心理缺憾，特定的玩具可以通过外形、声音、表情和图像等形式与人们沟通，满足他们的情感需要，促使他们的心理向积极的方面发展。目前一些精明的制造商为加大竞争力度，精心研制具有"感情"的玩具，使其具有喜怒哀乐等人类情感。例如"情感机器兔"，它能够根据人的声音指令，作出反应，同时还带有一些面部表情，非常有趣。

玩具除了上述主要功能外，还具备一些其他功能，如礼品、收藏、装饰等功能。

第二章　儿童发展概述

第一节　何谓儿童发展

一、儿童发展的概念

发展，是指人类个体获得新结构或引起心理结构发生改变的过程，即发展包括生理与心理两方面的发展。

发展包含三个要素：发展是在个体内部进行的变化；这种变化是连续稳定的；发展最后导致结构性改变。发展是指个体随年龄的增长，在相应环境的作用下，整个反应活动不断得到改造，日趋完善、复杂化的过程，是一种体现在个体内部的连续而又稳定的变化。心理发展变化从开始到成熟大致体现为：一是反应活动从混沌未分化向分化、专门化演变；二是反应活动从不随意性、被动性向随意性、主动性演变；三是从认识客体的外部现象向认识事物的内部本质演变；四是对周围事物的态度从不稳定向稳定演变。

从年龄上说，儿童是指从出生到青年前期，即从出生到 17、18 岁左右。当然它还可以细分为更小的阶段，比如婴儿期（出生～3 岁）、幼儿期（3～6 岁）、少儿期（6～12 岁）和青少年期（12～18 岁）。本书中的儿童特指 0

~12 岁。

儿童发展是指个体从出生到青年前期过程中所发生的身心变化，包括生理与心理两方面的发展。儿童生理发展也称生理成熟，是指儿童身体生长发育的程度或水平。儿童心理发展是指个体随着年龄的增长，在相应环境的作用下，整个反应活动不断地得到改进并日趋完善和复杂化的过程，是一种体现在个体内部的连续而又稳定的变化。

二、影响儿童发展的因素

影响儿童发展的因素复杂多样，可以从生物因素、社会因素、儿童自身因素等三个方面来谈。

（一）生物因素

遗传因素和生理成熟是影响儿童发展的生物因素。

1. 遗传因素

遗传是一种生物现象。通过遗传，祖先的一些生物特征可以传递给后代。遗传素质是指遗传的生物特征，即天生的解剖生理特点，如身体的构造、形态以及感觉器官和神经系统的特征等。遗传素质或者为儿童发展提供前提条件，或者阻碍儿童某些方面的发展；遗传素质的差异性是构成儿童身心发展的个别特点的因素之一。

2. 生理成熟

生理成熟也称生理发展，是指身体生长发育的程度或水平，生理成熟主要依赖于种系遗传的成长程序。生理成熟对儿童发展的具体作用是使心理活动的出现或发展处于准备状态。若在某种生理结构达到一定成熟时，适时地给予适当的刺激，就会使相应的心理活动有效出现和发展。如果生理上尚未成熟，也就是没有足够的准备，即使给予某种刺激，也难以取得预期的结果。

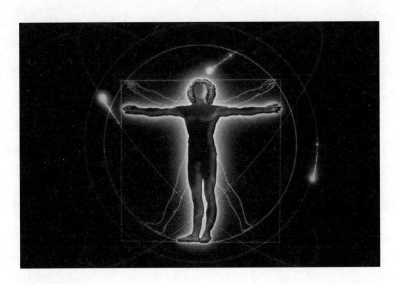

（二）社会因素

环境和教育是影响儿童发展的社会因素。

1. 环境因素对儿童发展的影响

环境分为自然环境和社会环境。自然环境提供儿童生存所需的物质条件，如阳光、空气、水和养料等。相比之下，社会环境对儿童发展影响更大，包括社会生产力发展水平、社会制度、儿童所处的社会经济地位、家庭状况、周围的社会气氛等。

心理发展的生态系统模型

社会环境对儿童发展的作用：

第一，社会环境使遗传所提供的心理发展的可能性变为现实。

第二，环境影响遗传素质的变化和生理成熟的进程。

第三，社会生活条件和教育是制约儿童心理发展水平和方向的最重要的客观因素。

社会环境中，重要的是人与人之间的关系。从大处（大环境）说，是指国家制度、社会生产关系及儿童所处的地位等。从小处（小环境）说，主要是指家庭环境、托儿所、幼儿园的环境和教育。家庭环境则主要包括家庭物质条件、父母职业和文化水平、家庭人口、社会关系等，其中家庭教育起的作用最大。此外，还有微环境，即指作用于儿童的各类细微的事件。

2. 教育对儿童发展起主导作用

教育是一种特殊的社会生活条件，教育水平越高，对儿童发展的主导作用越大。反之，如果教育不当，不仅不能促进儿童的正常发展，反而会阻碍、抑制或破坏儿童的发展。同时也要看到，教育对儿童发展作用巨大但并非万能。

（三）儿童自身因素

儿童自身因素主要包括：儿童已有的身心发展水平，如身体素质、认知能力等，此外还有儿童的兴趣、爱好、欲望、需要、意志力、态度、性格、自信心等。儿童自身因素一旦被挖掘并被主体加以利用，其潜力是惊人的，而且已有的身心发展水平为发展提供了基础，会对儿童今后的发展产生长远的影响。

第二节　儿童发展的具体内容

本书中的儿童发展是指个体从出生到 12 岁左右过程中所发生的身心变化，即生理、动作以及心理的发展。

一、儿童生理、动作发展

（一）儿童生理发展

儿童生理发展也称生理成熟，是指儿童身体生长发育的程度或水平。生理成熟主要依赖于种系遗传的生长程序。

儿童生理发展具体包括骨骼（骨盆、腕骨、足骨、关节）、肌肉、呼吸系统（呼吸道和肺）、心血管系统、牙齿、胃、肠、胰腺、肝脏、泌尿系统、脑垂体、甲状腺、皮肤、神经系统、感觉器官的发展。

（二）儿童动作发展

儿童的动作发展是在大脑和神经系统、骨骼肌肉控制下进行的，因此儿童的动作发展和儿童的身体发展、大脑和神经系统的发展密切相关。

1. 儿童动作发展的内容

（1）先天性反射动作的发生发展：抓握反射、吸吮反射、强直性动作反射、巴宾斯基反射、摩罗反射、踏步反射……

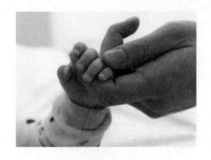
抓握反射

吮吸反射

（2）大动作的发展：抬头、翻身、坐、站、爬、走。

（3）精细动作的发展：抓握、绘画、书写、生活自理。

2. 学前儿童基础动作发展的内容

（1）基础的移位动作，如走、跑、跳等。

（2）基础的操作性动作，如投掷、接住、踢、击等。

（3）基础的稳定性动作，如静态平衡、动态平衡、轴心动作等。

二、儿童心理发展

（一）儿童心理发展的概念

儿童心理发展是指个体随着年龄的增长，在相应环境的作用下，整个反应活动不断地得到改进并日趋完善和复杂化的过程，是一种体现在个体内部的连续而又稳定的变化。儿童心理的发展与平时所说的儿童成长或发育的含义是有所区别的。后者是指生理方面的生长成熟，主要是量的增长，而儿童心理的发展指的是心理从不成熟到成熟的整个成长过程。并且在儿童心理整个成长的过程中既有量变，又有质变，即从量变达到质变的发展过程，如身体结构的变化、心理方面的变化等（如智力、性格的变化）。而且个体生理成长为心理发展提供了物质前提。随着儿童的身体特别是脑的成长，他们的学习、记忆、思维的能力就日益增进，其兴趣、态度等也在不断变化。

（二）儿童心理发展的内容

儿童心理发展的内容主要涉及以下两类，即：儿童心理过程和儿童个性心理。

1. 儿童心理过程

儿童心理过程包括儿童认识过程、儿童情感过程和儿童意志过程。

（1）儿童认识过程

儿童认识过程是儿童由表及里、由现象到本质地反映客观事物的特性与联系的过程。包含感觉、知觉、记忆、注意、想象、言语和思维等过程。

（2）儿童情绪和情感过程

儿童情绪和情感过程是指儿童对客观事物是否满足自身需要而产生的主观体验的心理活动，包括喜、怒、哀、乐、爱、憎、惧等情绪和情感。

（3）儿童意志过程

儿童意志过程是指儿童在有目的的活动中自觉地调节自身的行为和情感克服困难的心理过程。

2. 儿童个性心理

儿童个性心理包括儿童个性倾向性和儿童个性心理特征。

（1）个性倾向性

个性倾向性是指个体所具有的意识倾向，它决定人对现实的态度以及认识活动对象的趋向和选择。包含动机、需要、兴趣、理想、价值观和世界观等。

（2）个性心理特征

个性心理特征是指一个人身上经常地、稳定地表现出来的心理特点。主要包括能力、气质和性格。

（三）儿童心理发展的基本特点

1. 发展具有方向性和顺序性

正常情况下，心理发展具有一定的方向性和先后顺序，既不能逾越，也不会逆向发展，按由低级到高级、由简单到复杂的固定顺序进行。如个体动作的发展，就遵循自上而下、由躯体中心向外围、从粗动作到细动作的发展规律，这些规律可概括为动作发展的头尾律、近远律和大小律，体现在每个儿童身上，都是如此。

儿童体内各大系统成熟的顺序是：神经系统、运动系统、生殖系统；大脑各区成熟的顺序是：枕叶、颞叶、顶叶、额叶；脑细胞发育的顺序是：轴突、树突、轴突的髓鞘化。这种方向性和不可逆性在某种程度上体现出基因型在环境的影响下不断把遗传程序编制显现出来的过程。

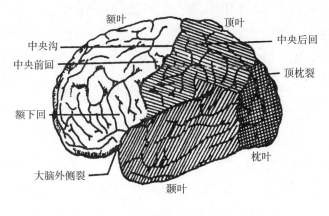

大脑结构图示

2. 发展具有连续性和阶段性

儿童心理发展跟一切事物的发展一样，是一个不断矛盾统一、量变到质变的发展过程，即是量变和质变的统一。先有量变，量变积累到一定程度发生质变。儿童心理发展的各个阶段所表现出来的质的特征，称之为儿童心理年龄特征。儿童心理年龄特征是在一定的社会和教育条件下，在儿童发展的各个不同年龄阶段中所形成的一般的、典型的、本质的心理特征。

在一定的社会和教育条件下，儿童从出生到成熟大约经历了新生儿期、婴儿期、幼儿期、少儿期、少年期。这些时期也就是一些不同的年龄阶段。这些阶段是相互连续的，同时又是相互区别的，一个时期接着一个时期，新的阶段代替着旧的阶段，不能跳跃，也不能倒退。

3. 发展具有不平衡性

儿童心理发展的不平衡性主要表现在心理的各个组成成分的发展速度不相同和个体整个心理面貌的变化速度不相同两个方面。这里涉及两个重要概念，即关键期和危机期。

关键期（敏感期、临界期）：儿童各种心理机能的发展有一个最佳年龄段，如果在这个最佳年龄期间为儿童提供适当的条件，就会有效地促进这方面心理的发展，如果错过了这一时期，将来很难弥补。这个问题最初是从动物心理实验研究提出来的。据认为，在动物早期发展的过程中，某一反应或某一组反应在某一特定时期或阶段中最易于获得，最易于形成，如果错过这个时期或阶段，就不容易再出现这样好的"时机"。这个关键的"时机"，也就是所谓的"关键期"，或"关键年龄"。这种现象最初是由奥地利的洛伦兹发现的。这种无须强化的、在一定时期容易形成的反应，叫作"印刻"（imprinting）。印刻发生的时期叫作关键期。例如，于小鸡或小鸭在出生后不久所遇到的某一对象或刺激，印入它的感觉中，以至于产生一种偏好和追随反应。以后再遇到这个或和这类似的对象或刺激时，就容易引起它的偏好和追随。小鸟辨认它的母亲和同类，就是通过这个过程实现的。这个现象在其他哺乳类动物身上也有所发现。据认为，小鸡的"母亲印刻"的关键期是出生后 10 ~ 16 小时，小狗的关键期约在出生后的 3 ~ 7 周。过去都认为，动物出生后不久就会认识母亲是由于亲子本能，后来发现，并非如此。因为实验证明，在关键期内，不仅对自己的妈妈可以发生"母亲印刻"，如果自己的妈妈在小动物出生后就离开了，也可以对其他类似动物发生"母亲印刻"。

Figure A (Thomas McAvoy, Time-Life Picture Agency, © Time Inc.)

动物的刻板行为

以后，人们又把这种动物实验研究的结果应用到早期儿童发展的研究上，于是就提出了儿童心理发展上的关键年龄问题。例如，有人认为0~2岁是亲子依恋关键期；6个月是婴儿学习咀嚼的关键期；8个月是分辨大小、多少的关键期；1~3岁是口语学习关键期；3岁是计算能力发展的关键期；3~5岁是音乐才能发展的关键期；0~4岁是形象视觉发展的关键期；4~5岁是学习书面语言的关键期；5岁左右是掌握数概念的关键期；3~8岁是学习外国语的关键期；10岁以前是动作机能掌握的关键年龄……错过这个时期，效果就会差些，等等。

危机期：儿童在发展的某些特定年龄时期，儿童心理常常发生紊乱，表现出各种否定和抗拒的行为。如：有人认为3岁、7岁、11～12岁都是发展的危机年龄。这个阶段应特别注意教育方式。

4. 发展具有个别差异性

虽然同一年龄阶段的儿童无论在身体还是心理方面都存在着发展的共同趋势和规律，但对于每一个儿童而言，其发展的速度、发展的优势领域、最终达到的发展水平等都可能是不同的。如有的儿童观察能力强，有的儿童记性好；有的儿童爱动，有的儿童喜静；有的儿童善于理性思维，有的儿童长于形象思维；有的儿童发育早，心理成熟早，有的就晚；在个性方面也存在很大差异，在兴趣、性格及能力等方面也都有不同。

第三章　玩具与儿童生理、动作发展

第一节　儿童生理、动作发展概述

一、儿童生理发展

儿童生理发展是指儿童生理结构与功能的自然展开。儿童在不同的年龄阶段，其生理结构与功能具有不同的特点。而且身高、体重、肌肉、骨骼和中枢神经系统等重要的内部系统的发育，将在很大程度上决定儿童在每个年龄阶段所具备的操作技能。

（一）儿童生理发展的阶段

1. 婴儿期（0~3 岁）

（1）0~1 个月

① 身体特点

◆ 体形：头大（约为身体的四分之一，而成人是八分之一）身长、四肢短。

◆ 身高、体重：约为 50 厘米，3~3.5 千克。迅速增长。

◆ 皮肤：呈红色，皱皱巴巴，像个小老头。细嫩如丝——易受伤，洗澡时注意水温。（注意衣服的选购）

◆ 骨骼：含无机盐少，水分多，但血管丰富。所以，弹性强，硬度不足。不易断，易弯曲。

◆ 内脏器官：心跳快，约 120 次。消化功能与体温调节机能也不完善。

总之，新生儿比小动物生命的能力差得多（杜鹃——最坏的鸟），需精心照料。（吃喝拉撒睡，手套缠指，电扇削头）

② 神经系统特点（发育相对较早）

◆ 胎儿在六七个月时，脑的基本结构已初具雏形。出生时，脑的结构简单，神经系统功能很不完善。

◆ 新生儿脑重只有 390 克，相当于成人脑重的 25% ~ 30%（1400 克）。

◆ 新生儿睡眠时间多。出生时，80% 的时间处于睡眠状态。睡眠——保护性抑制（刺激过多，"住院时，临床看望的人特多，环境嘈杂，成人都受不了何况孩子"）神经细胞疲劳，大脑皮层兴奋性降低。

（2）0 ~ 1 岁

出生后的第一年是儿童生长发育最迅速的时期。

① 身体发育

◆ 身高：前半年平均每月增长 3 厘米，后半年约 1 ~ 1.5 厘米，1 岁时可达 70 ~ 75 厘米。

◆ 体重：1 岁时可达 9 ~ 10 千克，相当于出生时的 3 倍。

◆ 骨骼肌肉系统发育较快，逐渐能支撑住身体重量：抬头、翻身、坐、爬（一个小胖孩不会爬，能完全用胳膊匍匐前进）、站、走。但易变形。不要过早站、走（学步车）。

② 神经系统发展

◆ 乳儿神经系统结构的发展

脑的发育比身体其他部位更快，出生时头围 36 厘米，1 岁时 46 厘米，成人 55 厘米（大头娃娃例外）。脑重增加到 900 克，比出生时增加了一倍多。

神经纤维开始了髓鞘化过程。（这是脑内部结构成熟的重要标志，它保

证神经冲动沿一定通道迅速而准确地传导。为什么乳儿动作发展落后于感觉发展？因为感觉神经先于其他神经进行髓鞘化）

◆ 乳儿神经系统机能的发展

皮质兴奋机能增强，表现为睡眠时间减少。形成条件反射比新生儿容易得多，巩固得牢。

皮质抑制机能开始发展。皮质抑制机能分为无条件抑制和条件抑制。无条件抑制又分为超限抑制和外抑制。条件抑制又分为消退抑制、分化抑制、延缓抑制。

超限抑制：当刺激超过一定的强度或持续时间过久时，神经细胞产生疲劳，导致大脑皮层兴奋性降低，进入抑制状态。

外抑制：是指外界环境和机体内部的额外刺激制止了正在进行的活动。如：喇叭声打断了儿童听故事的活动，身体不适妨碍了儿童注意力集中。

消退抑制：条件反射建立后，如果条件刺激不再受非条件刺激物的强化，其信号作用就会逐渐丧失，而不再引起反射行为。如：对喂奶时间形成条件反射的乳儿，如果换了环境，在这个时间吃不到奶，那么原有反射将逐渐消失。

分化抑制：只对条件刺激物进行反应，对相似的刺激物不反应的过程（反之，为条件反射泛化）。它是精确的辨别力发展的基础。

延缓抑制：条件刺激物出现后，稍停片刻再用非条件刺激物进行强化，使得反应出现的时间延缓。如：妈妈给孩子用奶瓶喂奶，在准备时乳儿便已经急不可耐。多次后，乳儿便能学会等待。它出现得最晚，约半岁左右才出现。

皮质抑制机能的发展为儿童更准确地反映客观事物并形成有意动作提供了可能性，对于乳儿心理活动和行为的发展具有重要的作用。

（3）1~3岁

① 身体发展

身体发展仍十分迅速，身高平均年增8~10厘米。2岁约为85厘米，3

岁约为 93 厘米，体重约为 13 千克。骨骼仍在继续骨化，弹性大，易弯曲。大肌肉已经发展，但耐力仍很差，易疲劳。心跳将为 100 次，不宜剧烈运动。

② 神经系统的发展

皮质抑制机能的发展。神经系统的成熟、动作的发展、言语的形成使得内抑制机能迅速发展→促使大脑皮质的分析综合活动日益精细准确，对心理活动和行为的调节作用增强→儿童就有可能在较长时间内从事某种活动，并开始按成人的指示来支配自己的行为。

2. 幼儿期（3~6 岁）

① 身体发展

◆ 身高、体重增长仍很快。6 岁时，约 110 厘米、20 千克。

◆ 骨骼易变形，大肌肉动作协调，小肌肉 5~7 岁才开始发展，笨拙。如：中班儿童使用剪刀时全身肌肉紧张、瞪眼、张嘴、十分吃力。

② 神经系统的发展

◆ 脑结构的发展

脑重增加，7 岁时达 1280 克，相当于成人的 90%。

神经纤维增长。2 岁之前较短，多呈水平方向。2 岁后，向竖直方向延伸，分支加多加长。

◆ 神经纤维基本髓鞘化

整个脑皮质达到相当的成熟程度。5~6 岁是脑发育的第一个加速期。

◆ 脑机能的发展

皮质兴奋和抑制过程加强。

兴奋：睡眠时间减少，条件反射易建立，有更多的时间去看、听、接触事物。

抑制：逐渐学会控制自己的行为，减少冲动性，为培养良好的学习习惯与形成优良的个性品质提供条件。

3. 少年期（6～12 岁）

变化不明显，处在前后两个加速期之间，相对缓慢时期。

① 身体发展

身高、体重年增长约为 5～6 厘米和 3 千克，12 岁时，平均身高为150.4 厘米，体重为 39.7 千克。

骨骼系统的发育呈迅速的增殖性生长特点，尤其是身体下部双肢的增长最为迅速，腿和脚都长得特别快。同时，由于长骨的生长比附着其上的肌肉生长的速度快，许多儿童会感到"生长的疼痛"。身体外形各部分的比例越来越接近成人。注意坐姿对骨骼发育的影响。

儿童期是换牙阶段，所有 20 个乳牙都会被恒牙换掉，最早换的是上门牙。并且才换上的牙都显得特别大，不协调，像兔子一样，但随着颚骨和骼骨的生长，头变大，脸变长，嘴巴变宽，恒牙的大小就变得协调了。

② 神经系统的发展

中枢神经系统的发育持续而有序，脑的大小已经接近成人的 90%，而脑重和成人相当，达到 1400 克。

(二) 儿童生理发展的基本规律与特点

1. 在婴儿期到成年期之间身体持续发生变化，呈非匀速发展

儿童身体发展并不是随年龄增长而等速增加。发展过程有快速期也有相对平稳期。从出生到成熟的整个过程可以划分为 4 个阶段：

（1）0～2 岁是快速发展阶段；

（2）2～11、12 岁是平缓发展阶段；

（3）11～13 岁（女），13～15 岁（男）是急速发展阶段；

（4）15、16 岁——成熟是缓慢发展阶段。

2. 身体不同部分的生长速度不同，身体的形状和比例也在不断变化

身体发展遵循"头尾原则"和"近远原则"。

（1）头尾原则：头→颈→躯干→下肢。

（2）近远原则：从中轴向外围的发展顺序。从躯干开始向四肢再向手和脚，最后达到手指和脚趾的小肌肉运动。

儿童早期不协调的大肢体运动模式

3. 骨骼和肌肉的发育与身高和体重的发展相一致

（1）骨骼不断增长、变宽，并逐渐硬化，到青少年晚期时完成生长和发育。

（2）骨骼是测量生理成熟的一个很好的指标。

（3）肌肉的密度和大小都在不断增长，特别是在青少年早期的生长加速期内生长更为迅速。

4. 身体各系统的生长发育是不均衡的或者说是不同步的

（1）神经系统最早成熟，骨骼肌肉系统次之，最后是生殖系统。

（2）生理发展和发育也呈现出明显的个体差异和文化差异。

二、儿童动作发展

儿童动作发展包括躯体和四肢的动作发展。儿童动作发展在帮助儿童探索和适应周围环境方面发挥着非常重要的作用。

（一）儿童动作发展的阶段

1. 婴儿期（0~3岁）

（1）3~6个月

4个月时，当他用肘部支撑时就可以抬起头部和胸部。这是一个重要的成就，让他获得自由，并根据自己的意愿向四周观看。你会察觉到孩子自主地屈曲和伸直腿,实际上好像自己站立(除了你保持他的平衡以外)。随后他会尝试弯曲自己的膝盖,并发现自己可以跳。俯卧能抬头至90度;竖抱时头稳定;扶着腋下可以站片刻;在爸爸妈妈的帮助下,宝宝会从平躺的姿势转为趴的姿势。能把自己的衣服、小被子抓住不放;摇动并注视手中的拨浪鼓;手眼协调动作开始发生;平躺时,会抬头看到他的小脚;趴着时,会伸直腿并可轻轻抬起屁股。还不能独立坐稳。对小床周围的物品均感兴趣,都要抓一抓、碰一碰。

(2)6~9个月

此时的婴儿俯卧时,能用肘支撑着将胸抬起,但腹部还是靠着床面。仰卧时喜欢把两腿伸直举高。随着头部颈肌发育的成熟,这个年龄的孩子的头

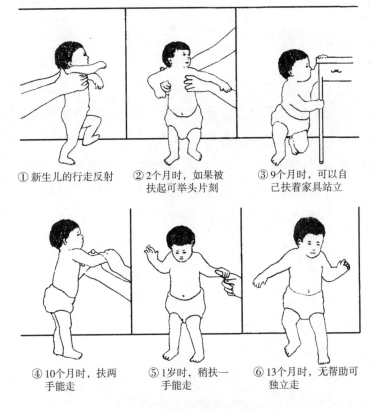

①新生儿的行走反射　　②2个月时,如果被　　③9个月时,可以自
　　　　　　　　　　　　扶起可举头片刻　　　己扶着家具站立

④10个月时,扶两　　　⑤1岁时,稍扶一　　　⑥13个月时,无帮助可
手能走　　　　　　　　手能走　　　　　　　独立走

学步儿的行走发展过程

能稳稳当当地竖起来了，他们就不愿意家长横抱着，喜欢大人把他们竖起来抱。一旦孩子挺起胸部，你就可以帮助他"实践"坐起。很快他就学会"三脚架"——身体向前倾时伸手支撑，保持上身平衡，逐渐地腰部肌肉发育了，靠坐时，腰能伸直。可能还需要一段时间他才不需要你的帮助自己坐起来。随着身体协调能力的提高，孩子将发现自己身体的其他部分。仰面躺时，他会抓住他的脚和脚趾，并送入口中；更换尿布时，他会向下触摸生殖器；坐起时，他会拍自己的臀部和大腿。

（3）9~12个月

扶立时背、髋、腿能伸直，搀扶着能站立片刻，能抓住栏杆从座位站起，能够扶物站立，双脚横向跨步。也能从坐立主动地躺下变为卧位，而不再被动地倒下。

（4）1~1.5岁

1岁1个月至1岁3个月的宝宝的运动和感觉能力提高，会模仿做操，和着节拍活动手脚和身体。这时多数宝宝已学会了走路，活动能力大大增强，能独立走稳，能扶手上下楼梯，对感兴趣的东西都想接触一下，能用积木叠塔、叠套盒，能把棒状物插入小孔。1岁左右的宝宝开始有明显的回忆，但以无意记忆和形象记忆为主。1岁4个月至1岁6个月的宝宝走得很稳，能蹲下捡东西后接着站起来再走，很少摔跤，可抬脚踢球，扶栏上几步楼梯，开始学跑，会抛球，可将小物件放进小瓶中并从小瓶中取出。

（5）1.5~2岁

孩子的精细动作有所发展，握笔较稳，能模仿大人画出线条、圆圈等图形，并解释自己的画。也能玩一些简单的拼插玩具，搭积木的技巧也有所提高。1岁7个月至1岁9个月的宝宝除了会向前走稳外，还能稳定地倒退走和侧方向走。游戏时可蹲下，跑步时可控制速度和绕开障碍物。能拉着玩具倒退走，能扶着栏杆两步踏上一级地走上楼梯。大人拉着宝宝一只手，宝宝处于竖直的体位走下楼梯。大人仅仅是帮助宝宝平衡而不是支持。宝宝能利用椅子或凳子设法去拿够不到的东西。

（6）2～3岁

随着精细动作的发展，宝宝已经可以拿起细小的物体，能搭起积木再把积木打翻，还会脱鞋、翻书页、用一只手端起杯子。大动作也有所发展，双脚立定跳远的距离可以达到15厘米，越来越大的宝宝现在能单腿做"金鸡独立"了，可以不扶任何物体，单脚站立3～5秒，能从最后一级台阶上跳下来，也能双脚同时做立定跳远。宝宝能用脚尖比较自如地在一条线上走，拐弯的时候还能保持平衡不摔倒。探险精神不分大小，这么大的孩子经常从台阶上往下跳，还对爬高特别有兴趣，能在父母的护卫下往攀登架上爬。会骑小三轮车，但是有的宝宝不太会拐弯。有时你把宝宝独自关在房间里，他能独自转动门把手拉开门跑出来。当家里吃饺子和面时，宝宝会乐意帮助你捏弄面团。

2. 幼儿期（3～6岁）

（1）3～4岁

身体动作比以前灵活，开始协调。逐步能自然地、有节奏地行走。喜欢跑、跳、玩球、骑小车、投扔沙袋等。逐步能双脚交替上下楼梯。手部小肌肉有较大发展，动作逐步精细化，如：搭积木、串珠、折纸、捏泥、使用剪刀等。能自己用勺进餐等，逐步自己穿、脱衣裤，会自己扣纽扣。

（2）4～5岁

精力充沛，他们的身体开始结实，体力较佳，精细动作的发展使儿童可以写字和步行一定的路程。基本动作更为灵活，不但可以自如地跑、跳、攀登，而且可以单足站立，会抛接球，能骑小车等。手指动作比较灵巧，可以熟练地穿脱衣服、扣纽扣、拉拉链、系鞋带，也会完成折纸、串珠、拼插积木等精细动作。动作质量明显提高，既能灵活操作，又能坚持较长时间。

（3）5～6岁

5岁儿童的走路速度已基本上接近成人，平衡能力明显增强，还可以做一些比较复杂的技巧性运动，如骑小自行车、滑板车、滑旱冰等。

3. 少儿期（6～12岁）

这个时期的儿童扔东西时通常可以协调肩膀、手臂、躯干和腿部的力量，手眼协调水平和小肌肉的控制能力也在迅速提高，这使得他们可以用手做更为复杂的动作。8、9岁时，儿童可以使用螺丝刀这样的工具，并且能够熟练地玩一些需要手眼协调的游戏，如抛接游戏等；青春期时男孩大肌肉活动的能力继续增强，而女孩则与以前持平或下降。

（二）儿童动作发展的基本规律与特点

1. 儿童动作发展的规律

（1）从整体动作到分化动作。儿童最初的动作是全身性的、笼统的、非专门化的"牵一发而动全身"，这是运动神经纤维还未髓鞘化的结果。以后，这种泛化的全身动作才逐渐分化为局部的、准确的、专门化的动作。（不会伸手拿东西，不会指物）

（2）从上部动作到下部动作（"首尾规律"）。先停住头—翻身—坐—爬—站—走。

（3）从大肌肉动作到小肌肉动作。从四肢的动作看，先是臂和腿的动作，即"粗动作"，以后才逐渐学会手和脚的，尤其是手指的"精细动作"。这种发展趋势可称为"大小规律"。（当雨昕向别人表示2岁时，手指很难做到，直到2岁3个月时才实现，并且还借助于另一只手）

（4）从无意动作到有意动作。6个月后才开始意识到自己所做的动作。（脚不断动）

2. 儿童动作发展的特点

（1）像身体生理结构的发展一样，动作发展也遵循头尾原则和远近原则。

动作技能的发展关键遵循特定的顺序：婴儿对头、颈和前臂的控制先于他们对腿、脚和手的控制。

婴儿所表现出来的日益复杂的动作技能并不是成熟时间表的简单展开，经验在其中起到了关键作用。

（2）精细动作技能在第一年内提高很大。

◆ 前够物动作被自主够物动作所替代。

◆ 尺骨抓物为钳形抓物所替代。

◆ 够物和抓握技能使婴儿变成一个熟练的手部控制者，他很快就能够重新建构已有的技能来画线和搭积木。

（3）不断出现的动作技能经常使父母感到高兴，也让婴儿能玩新的游戏。

（4）动作技能还有助于感知、认知的发展和社会性的发展。

3. 儿童早期动作发展的特点

（1）行走动作有了较好的发展

在将满2周岁时，儿童能掌握行走的技巧，在平坦道路上的行走达到了自动化的程度。

◆ 行走在儿童心理发展上具有重大意义。

扩大认识范围；为空间知觉（视—动觉）和初步的思维（接触事物与分析综合）准备了条件；为有目的的活动准备了条件；发展儿童的独立性。

（2）运用物体的动作有了一定的发展

◆ 儿童动作进一步发展，一方面是掌握复杂、准确而灵活的动作，另一方面动作的概括化程度提高。

◆ 运用物体动作能力发展的意义。

初步形成成人使用工具的方法和经验；认识事物的共性，为概括表象和概念的产生准备了条件。

（3）具有独立行走的倾向

独立行走的倾向明显，这是自我独立意识出现的表现。

（4）出现实践活动的萌芽

婴儿的实践活动与成人的实践活动是有区别的，它只是最初的有目的的活动。

婴儿的实践活动是在 2 周岁以后才出现的，在动作发展的基础上，在言语的帮助下，逐步从运用物体的动作过渡到最初的有目的的活动。

◆ 最原始的游戏

婴儿的游戏水平是很低的，只是一种带有一定目的性的复杂动作的组合。这种目的性是在言语的调节下，儿童对过去的表象和当前知觉的印象进行分析综合的结果，是动作的概括化的结果。

婴儿时期的游戏目的性很差，是不稳定的，它与学前时期的游戏有本质区别：游戏离不开实物，一旦离开实物游戏即停止；游戏简单、贫乏而片段主题和角色不明确；想象成分是非常低的，到 3 岁时才出现想象成分。

婴儿期的游戏水平很低

◆ 最原始的劳动活动

婴儿期出现了劳动的萌芽。婴儿后期已能做一些自我服务的简单劳动；

开始模仿成人运用劳动工具的活动。

第二节　玩具与儿童生理、动作发展的关系

一、玩具对儿童生理、动作发展的作用

玩具是儿童生活中不可缺少的组成部分，通过操作玩具可以促进儿童生理、动作发展，其中对儿童动作发展的作用很大。

（一）玩具对儿童生理发展的作用

1. 有利于促进儿童身体发育

儿童身体各器官、系统的机能尚未发育成熟，科学、适宜地发展动作的协调性，能促进儿童身体各器官、系统机能的正常生长发育。如中小型球类、小推车、拖拉玩具、小滚筒、小栏杆、摇马、摇船等都有利于增强关节的灵活性和牢固性、耐力和弹性；使骨骼变得更加坚固和粗壮，促进婴儿动作发展的拖拉类玩具能使肌纤维增粗，增强肌肉、肌腱和韧带的力量、耐力和弹性；提高了循环系统、呼吸系统功能。

2. 有利于儿童中枢神经系统发育

神经细胞对环境的影响非常敏感，如果神经元细胞未能受到适当的刺激，它们中的许多也将会消亡。玩具就是一种很好的刺激物，能够促进儿童神经系统的发育。据国外有关研究发现，玩具可以刺激每个脑神经元多生成25%的突触。如刚出生几个月的婴儿会对颜色鲜艳、发光、有声音的玩具特别感兴趣，这些玩具通常能够促进其视觉神经和听觉神经的发育。

（二）玩具对动作发展的作用

儿童从出生就具有对外界事物的反应能力，在环境刺激及教育作用的影响下，感知觉、动作得到迅速发展，其中，科学、适宜的玩具是一个很好的刺激物，对儿童的动作发展起到一定的作用。

1. 发展动作的灵活性

灵活是指动作的速度快、反应灵敏。玩具能促进儿童发展多种动作，如行走、跑、滚动、扔、投掷、弯腰、下蹲等。使儿童全身上下肢的肌肉、骨骼得到锻炼，动作逐渐灵敏、准确。

2. 发展动作的准确性

儿童生理发展还不完善，动作还不协调，使得儿童动作的准确性不高。科学的玩具有利于发展儿童动作的准确性。在玩套叠玩具（如套环、套塔、套碗等）的过程中，可以发展小肌肉，锻炼手的准确性；儿童在玩球类玩具时，在投篮的过程中，发展了儿童的大小肌肉，而且动作也逐渐准确；穿绳玩具可以发展儿童的小肌肉动作，练习了手的精细动作和提高了准确性。

3. 发展动作的协调性

协调能力是人在进行身体运动的过程中，调节与综合身体各个部位运动的能力。动作协调可以更快更好地掌握各项基本动作，同时，它也是一种综合性的能力，集灵敏度、速度、思维度、平衡度、柔韧度等多种身体素质为一体，充分反映了中枢神经系统对肌肉活动的支配和调节功能。独立行走是

1～2岁儿童发展得很好的动作，小手推车可以帮助他走稳，逐渐离开扶持物独立行走，可以发展手臂和腿脚的协调能力；学会行走的儿童在玩拉车时，可以熟练、灵活自如地前走后退，发展儿童手脚动作的协调性；小篮球、小排球、小足球、乒乓球都可以发展大小肌肉群的动作，发展儿童的手眼协调能力。

二、有利于促进儿童生理、动作发展的玩具的特点

（一）活动性

活动性玩具是指使身体灵活的动作性玩具。活动性玩具包括：爬行玩具，如攀登架、攀爬墙等；摇晃玩具，如木马、转椅、跷跷板等；车辆玩具，如自行车、手推小车；丢抛玩具，如降落伞、飞碟等；大型与小型运动器械玩具，如滑梯、转椅、摇船、秋千、蹦蹦床及多球床、电瓶车，还有碰碰车等；球类玩具，如皮球、小足球、羽毛球等；奔跑跳跃玩具，如拖拉玩具、羊角球、绳等。

这类玩具主要强调身体大肌肉的活动，即运用颈部、躯干、手臂、腿部等大肌肉及各部分的协调能力，通过走、跑、跳、爬、攀、投掷等方法来玩活动性玩具，锻炼儿童的四肢肌肉、心肺功能及身体的反应能力，使肌肉结实、反应灵活、动作协调、身材健美、身体健康。

操作性玩具

建构类玩具

（二）操作性

操作性玩具就是帮助儿童手部小肌肉及手眼协调发展的玩具。包括拨、转、抓、握、按、压等涉及基本操作动作的玩具。一岁以前，典型的操作性玩具是绑在床边或椅子上的活动玩具板，可以让孩子按压、拨转，儿童从此过程中渐渐学会进行动作及掌握肢体的技巧。敲打玩具可以增加儿童的腕力、臂力及手指抓握力，更可从中学习到力量控制的技巧。建构玩具是指一块一块可以让孩子堆叠、搭盖、建构的玩具，如塑料、木头制的各种积木，同样也可以发展儿童的手指抓握力、手眼协调能力。穿线玩具对儿童来说既好玩又富有挑战性，可以培养出更精细的手眼协调动作和控制肌肉的能力。

第四章　玩具与儿童认知发展

第一节　儿童认知发展

一、儿童认知发展的内容

认知是人对客观世界的认识活动，儿童认知发展包括注意、感知、记忆、思维、想象和言语的发展，还包括智力和创造力的发展。

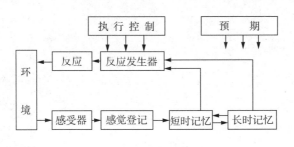

心理活动的过程

（一）注意

1. 注意的概念

注意是心理活动对一定对象的指向和集中。指向性和集中性是注意的两个基本特点。注意的指向性是指人在清醒状态时，每一瞬间的心理活动只是有选择地倾注于某些事物，而同时离开其他的事物。例如，我们周围有许多人时，我们一下子只注视几个人，对其余的人则并不留意。思考问题时，我们一时也只能留心考虑一两个问题，而不考虑其他问题。注意的集中性是指把心理活动贯注于某一事物。

2. 注意的种类

根据注意有没有自觉目的性和意志努力，可以分为无意注意和有意注意两类。

（1）无意注意

无意注意也叫作不随意注意。它既无预定目的，也不需要意志努力。无意注意是被动的，是对环境变化的应答性反应。

（2）有意注意

有意注意是指有预定目的的，需要一定意志努力的注意，是注意的一种积极、主动的形式。它服从于一定的活动任务，并受人的意识自觉调节和支配。例如，我们正在听课时，忽然从窗外传来动听的歌声，我们可能不由自主地倾听歌声，这是无意注意。但由于我们认识到学习的重要，因而迫使自己把注意力集中在听课上，这就是有意注意了。

（二）感知觉

1. 感觉和知觉的概念

感觉是人脑对直接作用于感觉器官的客观事物的个别属性的反映。在日常生活中我们看到的颜色、听到的声音、触到的温度和形状、尝到的味道等，这些个别属性在我们头脑中的反映就是感觉。感觉是一切高级的心理现象的基础，它起着个体和环境之间的基本桥梁作用，是我们认识世界的开端。感觉除了反映客观事物的个别属性，也反映我们机体各部分的运动情况及机体内部的非常状态。如感觉到身体的姿势，四肢的运动，以及身体的舒适与否等。

知觉是人脑对直接作用于感觉器官的客观事物的整体反映。当客观事物直接作用于感受器官时，人们头脑中反映的不仅是事物的个别属性，同时反映事物的整体。比如，我们面前放着一种水果，我们不仅通过感觉器官去反映它的颜色、味道、形状，还要通过脑的分析和综合活动，从整体上反映出它是个苹果。

2. 感觉和知觉的种类

（1）感觉的种类

按照感受器的不同，可以将感觉分为八种（见表1）：

表1　人的八种感觉

感觉种类	适宜刺激	感受器	反映属性
视觉	390～800纳米的光波	视网膜上的棒状和锥状细胞	黑、白、彩色
听觉	16～20000次/秒音波	耳蜗管内的毛细胞	声音
味觉	溶解于水或唾液中的化学物质	舌面、咽后部、腭及会厌上的味蕾	甜、酸、苦、咸等味道
嗅觉	有气味的挥发性物质	鼻腔黏膜的嗅细胞	气味
肤觉	物体机械的、温度的作用或伤害性刺激	皮肤和黏膜上的冷点、温点、痛点、触点	冷、温、痛、压、触
运动觉	肌肉收缩、身体各部分位置的变化	肌肉、筋腱、韧带、关节中的神经末梢	身体运动状态位置的变化
平衡觉	身体位置、方向的变化	内耳、前庭和半规管的毛细胞	身体位置的变化
机体觉	内脏器官活动变化时的物理化学刺激	内脏器官壁上的神经末梢	身体疲劳、饥渴和内脏器官活动不正常

（2）知觉的种类

按知觉中起主导作用的感觉器官的活动，可分为视知觉、听知觉、嗅知觉和味知觉等。

按知觉的对象，可分为物体知觉和社会知觉。物体知觉又可分为时间知觉、空间知觉和运动知觉。社会知觉又分为对自己的知觉、对他人的知觉和人际关系的知觉。

（三）记忆

1. 记忆的概念

记忆是人脑对过去经验的反映。记忆与感知觉不同，感知觉是对当前直接作用于感官的事物的一种反映，具有表面性和直观性；而记忆是对经历过的事物的反映，具有内隐性和概括性。

2. 记忆的种类

（1）根据内容的不同，记忆可分为形象记忆、运动记忆、情绪记忆和逻辑记忆。

◆ 形象记忆。形象记忆是以感知过的事物的具体形象为内容的记忆。例如，带幼儿参观动物园后，幼儿会记住猴子、大象、老虎等动物的形象。形象记忆可以是视觉的、听觉的、嗅觉的、味觉的、触觉的。如我们看过的人、物和画面，听过的音乐、闻过的气味、尝过的味道和触摸过的物体等的记忆，都是形象记忆。

◆ 运动记忆。运动记忆是以过去做过的运动或动作为内容的记忆。例如，幼儿对做操或洗手的一个接一个动作的记忆。一切生活习惯上的技能、体育运动或舞蹈等动作的记忆，都是运动记忆。

◆ 情绪记忆。情绪记忆是以体验过的情绪或情感为内容的记忆。例如，幼儿对被关进黑屋子里时的恐惧，或玩游戏时的快乐等情绪的记忆。

◆ 逻辑记忆。逻辑记忆是以语词、概念、原理为内容的记忆。例如，我们对科学概念、数学公式、物理定理、法律法规的记忆等都是逻辑记忆。

（2）根据保持的时间，可将记忆分为瞬时记忆、短时记忆和长时记忆。

◆ 瞬时记忆。瞬时记忆是指客观刺激物停止作用后，它的印象在头脑中只保留一瞬间的记忆，也称为感觉记忆。也就是说，刺激作用停止后，它的影响并不立刻消失，可以形成后像。最为明显的例子是视觉后像。后像可以说是最直接、最原始的记忆。后像只能存在很短的时间，视觉的感觉记忆在 1 秒以下，听觉的感觉记忆也不超过 4～5 秒。

◆ 短时记忆。短时记忆是指记忆信息在头脑中保持的时间不超过一两分钟的记忆。例如，当我们打 114 查询到某电话号码后，马上拨出这个号码，一旦放下电话，刚刚拨过的号码就忘了。一般来说，短时记忆的信息容量为 7±2 个组块。

◆ 长时记忆。长时记忆是指信息在头脑中保持的时间超过 1 分钟，乃至一生的记忆。长时记忆的容量是没有限制的，它储存的信息时间长，可随时提取，与短时记忆相比，受干扰少。

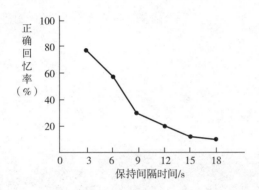

艾宾浩斯的遗忘曲线揭示了记忆的规律

（四）想象

1. 想象的概念

想象是人脑对已有表象进行加工改造而形成新形象的心理过程。例如，我们没有坐过宇宙飞船去太空，但是当听到新闻关于登月的报道时，我们头脑里会出现一幅幅浩瀚星空，太空人在凹凸不平的月球表面失重行走的画面。我们还可以通过小说中对人物的描绘在头脑中勾勒出人物的形象。这种在我们头脑中出现的形象就是想象。作曲家创作新乐章，工程师发明新机器，这些都是想象。幼儿也很爱想象，一会想象自己是解放军，一会又想象自己成了老师，一会把竹竿当马骑，一会又把它当成大刀去砍敌人等，这些也都是想象。

2. 想象的种类

（1）无意想象和有意想象

根据有无预定目的，可将想象分为无意想象和有意想象。

无意想象是指没有预定目的，在一定刺激的影响下，不由自主地进行的想象。如看到天空中的浮云，想到各种各样的小动物；看见小碗小勺，就想喂娃娃吃等。

有意想象则是有预定目的，自觉进行的想象。人们在实践活动中，为实现某一个目标，完成某项预定的任务，而进行的想象，都属于有意想象。如幼儿为了玩一个完整的娃娃家的游戏，必须事先想好用哪些材料，如何开展游戏。

（2）再造想象、创造想象和幻想

在有意想象中，根据想象的创造性和与社会现实的结合程度不同，将想象分为再造想象、创造想象和幻想。

儿童的幻想画往往充满创意

再造想象是指根据言语的描述或图样的示意，在人脑中形成相应新形象的过程。如读小说的时候，我们会不由自主地浮现出书中描绘的人物和情景，这就是再造想象。再造想象依赖于人们头脑中记忆表象的数量，表象越丰富，再造想象的内容也就越丰富。同时，掌握好语言和各种标记也十分重要，只有这样，才能从言语的描述和符号的标志中激发想象。

创造想象是指根据一定的目的、任务，在头脑中独立地创造出新形象的心理过程。在新作品创作、新产品创造时，人脑中构成的新形象都属于创造想象。如作家对小说中人物的塑造，或某个人搞的一个小发明创造，获得国家专利，都依赖于创造想象。

幻想是一种与个人生活愿望相结合并指向未来的想象。它一般是介于再造想象和创造想象中间的一种想象，如果独创性成分多，可以说是创造想象的一种特殊形式。它的显著特点是体现人们对未来生活愿望的追求和向往。幻想包括理想和空想两种类型：理想是符合客观发展规律，经过努力能实现的幻想，它是一种积极的幻想；空想是违背客观发展规律，不能实现的幻想，它是一种消极的幻想。

（五）思维

1. 思维的概念

思维是人脑对客观事物间接概括的反映。它是借助言语、表象或动作实现的、能揭示事物本质特征及内部规律的认识过程。当我们碰到一些无法解决的问题时会"想一想"或"考虑一下"，当幼儿发现问题时会提出并思考"是什么"或"为什么"，这都是思维的表现。

思维与感知觉的相同之处在于都是人脑对客观事物的反映。但它们之间是有差异的，感知觉是客观事物直接作用于感觉器官时所产生的反映，反映的内容是客观事物的个别属性以及事物之间的联系，属于认识活动的低级阶段。而思维是对客观事物间接的反映，反映的内容是客观事物的本质属性和内部规律性，属于认识过程的高级阶段。例如，孩子看到汽车时，能知道它的颜色和形状，这是感知觉；而当孩子知道汽车和火车、飞机、轮船一样，都是交通工具时，就是思维。

2. 思维的特性

思维具有间接性和概括性。

（1）思维的间接性

思维的间接性是指人能凭借已有的知识经验或其他事物作媒介，理解和把握那些没有直接感知或根本不可能直接感知的事物、事物间的关系及事物发展的进程。例如，人类学家根据古生物化石及其他有关资料推知人类进化的规律；气象工作者根据气象资料预知今后天气的变化；教师根据幼儿的言语或表情分析其情绪特征和内心需要等。

（2）思维的概括性

思维的概括性是指将同一类事物的共同的本质特征以及事物之间的联系和关系抽取出来，加以概括，得出结论。例如，幼儿将形状、颜色和大小各异而能写字画图的用具称之为"笔"；人们每次看到月晕常常会刮风，地砖潮湿常常会下雨的现象，从而得出"月晕而风"、"础润而雨"的结论。

3. 思维的种类

根据不同的角度，可以将思维分为不同的种类。

（1）根据思维过程中的凭借物的不同，可分为动作思维、形象思维和抽象思维。

动作思维又称操作思维或实践思维，是以实际操作解决直观、具体问题的思维。例如，电工师傅通过检查和修理电源、电线和开关等解决电路故障问题，儿童摆弄和操作物体的活动等都需要动作思维。

形象思维是利用物体在头脑中的具体形象和表象来解决问题的思维。例如，在创设幼儿园室内环境时，先在头脑中考虑墙面的布置、房顶的设计和地面的摆设等，完成这些任务需要形象思维。

抽象思维是以概念、判断和推理等形式进行的思维。例如，当我们思考冬天天气为什么会变冷，为什么每天都有白天和黑夜等问题时需要抽象思维。

（2）根据思维探索答案的方向不同，可分为聚合思维和发散思维。

聚合思维是把问题所提供的各种信息聚合起来，得出一个正确或最好的解决问题的方案的思维。当问题只存在一种答案或只有一种最好的解决方案时，通常要采取聚合思维。例如，甲>丙，甲<乙，乙>丙，乙<丁，其结果必然是丁>乙>甲>丙。发散思维是沿着不同途径去思考，寻求多种答案的思维。例如，幼儿给同一个故事取不同的名字，或根据同一个故事的开头编出不同的结尾。

（3）根据思维的创新程度，可分为常规思维和创造性思维。

常规思维是指人们运用已获得的知识经验，按现成的或惯用的方式解决

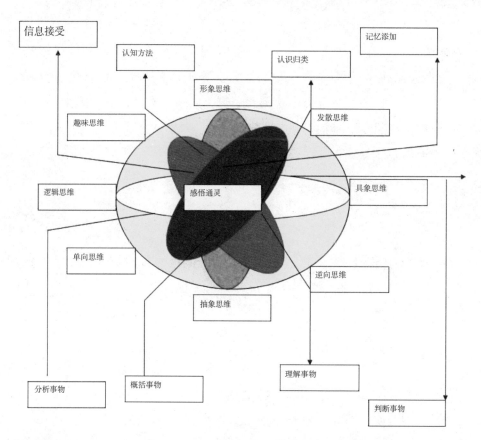

心理学视角下的思维结构

问题。例如，学生运用已学会的数学公式解决相同类型的问题。创造性思维是以新异、独创的方式来解决问题的思维。例如，作家创作一部新的小说，幼儿画出一幅新颖而独特的作品。

（六）言语

1. 言语和语言的概念

在日常生活中，人们往往将"语言"和"言语"两个概念混淆，其实，这两个概念既有区别又有联系。语言是以语音或字形为物质外壳，以词汇为建筑材料，以语法为结构规律而构成的符号系统。其中，语言以其物质化的语音或字形而能被人所感知，它的词汇标示着一定的事物，它的语法规则反映着人类思维的逻辑规律。因而，语言是人类最重要的交流工具。言语是人们运用语言材料和语言规则进行交际的过程。人们为了表达和理解思想情感，可以使用各种语言（汉、英、俄、日等），这多种语言就成了交际工具。使用着多种语言的人们，或说，或听，或写，或读，这些说、听、读、写的活动，就是作为交际过程的言语。

2. 言语的种类

言语活动通常分为两类：外部言语和内部言语。外部言语又包括口头言语和书面言语。

（1）外部言语

◆ 口头言语。口头言语是指以听、说为传播方式的有声言语。它通常以对话和独白的形式来传播，如两人或两人以上的聊天、老师的讲座、小朋友讲故事等，学前儿童主要运用的是口头言语。

◆ 书面言语。书面言语是人们用文字表达思想和情感的言语。它通常以独白的形式来表达，它不直接面对对话者，不能借助表情、声调、手势来表达思想和情感，如写信、写作文、读邮件的文字内容等。

◆ 内部言语。内部言语是指为语言使用者所意识到的内隐的言语，也称不出声的言语。它是人们思维活动所凭借的主要工具，如默默思考老师提出的问题等。在幼儿内部言语开始发展的过程中，常常出现一种介乎外部言语和内部言语之间的言语形式，即出声的自言自语。主要有"游戏言语"和"问题言语"两种形式。其中，"游戏言语"是指在游戏和活动中出现的言语，如幼儿在搭积木时边搭边说："这个放在下面……这个放在上面做屋顶"。"问题言语"是指在活动中碰到困难或问题时产生的言语。3～5岁的儿童"游戏言语"占多数，5～7岁的儿童则"问题言语"增多。

（七）智力

1. 智力的概念

关于智力，人们并不陌生，但究竟什么是智力，却是心理学界的一个充满争议的模糊概念。虽然众说纷纭，但也不无共同之处。归纳起来，都不外乎是从智力的功能和特性方面加以阐述的。

（1）智力是适应环境的能力，是学习的能力

桑代克（R. L. Thorndike）认为，智力表现为学习的速度和效率，又认为智力是一种适当的反应能力。斯藤（L. W. Stern）将一般智力解释为："有机体对于新环境完善适应的能力。"比奈（A. Binet）、推孟（L. M. Terman）等人也认为智力是适应环境的能力。20世纪50年代，韦克斯勒（D. Wechsler）比较全面地将智力定义为："一个人有目的地行动、合理地思维和有效地处理环境的总合的整体能力。"

（2）智力是抽象思维和推理能力，是解决问题和决策的能力

比奈把智力理解成"正确的判断、透彻的理解和适当的推理能力"。推孟认为：一个人的智力与他的抽象思维能力成正比。斯皮尔曼（S. Spearman）曾假设过智力有三种品质，即对经验的理解、分析关系、推断相关的事务的心理能力。斯托达德（G. D. Stoddard）认为："智力是从事艰难、复杂、抽象、敏捷和创造性活动以及集中精力、保持情绪稳定的能力。"我国学者吴天敏在《关于智力的本质》一文中把智力的特性归结为四个范畴：针对性、广阔性、深入性和灵活性。

以上论点虽有共同之处，但因为研究者在关于智力本质的一些基本问题上存在分歧，所以关于智力的定义至今无法达成共识。我们较为认同的观点

是："智力是人类心理活动中各要素的综合体，是在与环境的相互作用中，人所具有的适应环境、解决问题等的综合心理能力。"

（八）创造力

1. 创造力的概念

幼儿的创造力表现为他们以一种新的思维方式表达自己的观点或发现新问题等。例如，在玩角色游戏"甜甜美食餐厅"时，一位"顾客"想吃"面条"，可是"厨师"事先准备的主食是"米饭"，于是，某位"厨师"灵机一动，将纸片撕成小条状放入碗中，由"餐厅服务员"将刚制作出来的"面条"端给"顾客"。这样，幼儿通过新的思维方式（将纸片撕成小条状当"面条"）解决问题的过程就是幼儿创造力显现的过程。

2. 创造力的行为表现特征

美国心理学家吉尔福特认为，创造力的行为表现有以下三个特征：

（1）变通性

具有创造力的人在解决问题或学习时，能够随机应变，触类旁通，具有较高的应变能力和适应性；对问题的思考有比较大的弹性，思考的线路不是局限在一个方向，而是向多个方向发散并且变化多端。例如，要求幼儿说出积木的用途时，某一幼儿回答说："积木可以搭房子、建立交桥"（离不开游戏中建构的功能）；另一幼儿回答说："积木可以用来建房子、做娃娃家的桌子、压东西、做锤子……"后者从不同的角度考虑问题，变通性较强。

（2）流畅性

具有创造力的人思维非常敏捷、灵活、迅速，行为快速，对事情的反应比一般人敏锐，能够在较短的时间内表达出较多的观念。例如，问幼儿："红色的物体有哪些？"某一幼儿能很快回答："红色的物体有太阳、苹果、红旗、衣服、汽车、水彩笔、鞋子。"另一幼儿可能思考片刻仅回答："太阳和苹果。"前者更具有流畅性。

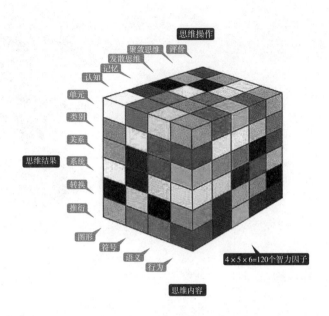

吉尔福特智力结构模型

（3）独特性

具有创造性的人在行为上的表现是超乎常规，擅长做一些别人从未做过或想过的事情，观念新颖独特，能产生新奇、罕见、首创的观念和成就。例如，在游戏活动中，创造性强的幼儿对通常的小物品（一张纸片、一根棉签、一个空瓶子等）发现其中许多不寻常的用途，别出心裁地玩出新的花样。

二、儿童认知发展的阶段及特点

心理学家皮亚杰把儿童认知发展分为四个阶段。

（一）感觉运动阶段（0～2岁）

在感知运动阶段，儿童最初的习惯形成，对主体和客体的关系产生了最初的协调，从对事物的被动反应发展到主动探究，从认识自己的身体到探究外界事物，并逐渐获得了客体永恒性。在这一阶段，儿童处于不成熟但发展极快的时期，该阶段儿童的智慧是一种实践智力，能协调动作与感知觉的关系，但没有表象、思维和语言，动作结构没有内化。这期间儿童的心理发展，最早出现的是肤觉（包括触觉、痛觉、温觉）、嗅觉、味觉，其次是视觉、听觉能力，最后各种感觉能力形成并逐步提高，诸如触觉、嗅觉、听力、视力等。根据这样的规律，在进行益智玩具开发的时候，应该注重玩具的多样性，这种多样性主要包括把视觉、听觉、触觉、嗅觉等因素综合考虑。而且，婴儿很快便学会由注视到抓住，由触觉到抛掷，由观察到进行。

（二）前运算阶段（2—7岁）

这一阶段是在前一阶段发展的基础上，各种感知运动图式开始内化而成为表象或形象图式。特别是由于语言的出现和发展，促使儿童日益频繁地使

前运算儿童无法解决"三山"问题

用表象符号来代替外界事物，具备了表象思维。但是该阶段儿童的实物动作还不具备运算性质，动作并不能反向进行。同时，如果根据其他学者所做的进一步细分，我们知道儿童在2～3岁期间开始能够运用语言，也是思维、想象力产生的阶段。在这一阶段开始意识到因果关系，具备识别图案和色彩的能力，而且极喜欢获得身边四周的注意力。而3～6岁期间是儿童心理发育的重要时期，这一阶段的儿童活动范围增大，求知欲增强，想象力也更丰富，喜欢自己一手创造的东西，有挑战性、手脑并用的玩具才可以让他百玩不厌。

（三）具体运算阶段（7～11岁）

这一阶段儿童的认知结构已经发生重组和改善，思维具有一定的弹性，思维可以逆转，已经获得了长度、体积、重量和面积的守恒，能凭借具体事物或从具体事物中获得的表象进行逻辑思维和群集运算。换句话说，该阶段儿童的实物动作内化为具有可逆性和守恒性的具体运算，即儿童能够联系具体事物或熟悉的经验进行逻辑思维，思维的内容和形式不可分。在这一阶段，儿童表现出喜欢玩耍具有技巧和智力的游戏的特征。

（四）形式运算阶段（11 岁以后）

具体运算思维经过不断同化、顺应、平衡，在旧的具体运算结构的基础上逐步出现新的运算结构，这就是和成年人思维相近的成熟的形式运算思维，就是可以在头脑中将形式和内容分开，可以离开具体事物，根据假设来进行的逻辑推演的思维。在这一阶段，儿童趋向成熟，独立性更加明显，常常由于规则与事实不符而违反规则，乐于亲自动手来制作一些小玩意。

第二节　玩具与儿童认知发展

一、玩具对儿童认知发展的作用

认知是一个人"认识"世界的过程的总称。儿童对世界的认知是由被动到主动、感性到理想、零散到系统、低级到高级的过程。儿童必须通过这一过程才能形成自己的知识体系、思维方式、价值观和世界观。因此，认知是心理发展的基础，玩具则因其独特的功能而促进儿童认知的发展。在此我们主要从感知觉、记忆、想象和思维四个方面来论述玩具对儿童认知发展的作用。

（一）促进儿童感知觉的发展

人对外部世界的认知开始于感觉器官，通过感觉器官产生感觉，如视觉、听觉等，然后再产生各种知觉，如空间知觉、时间知觉等，因此感知觉是儿童认识世界的开始，是认知发展的基础。如果对儿童进行感觉器官的训练，使其神经系统得到丰富的刺激，有助于他们大脑的发展，玩具正是达到这一目的的最合适的工具之一。而且玩具具有直观形象的特点，幼儿可摸、拿、听、吹、看等，有利于各种感官的训练。如彩色套塔、吹塑玩具、各种娃娃及玩具动物等有利于视觉的训练；八音小熊、小钢琴、铃鼓、小喇叭等可以训练听觉；积木、积塑片、结构模型可以发展空间知觉；各种拼图、镶嵌玩具、软塑料玩具等可以锻炼触摸感觉；拉鸭车、手推车、三轮车、两轮车等又有助于运动觉的发展。

感统训练游戏促进儿童的感知觉发展

（二）提高儿童的记忆能力

人要认识外部世界，首先要在头脑中保存一些感受、图像、经验等，这就需要记忆。没有记忆，认知也就无法发展。复述是保持记忆最基本的形式，不断重复才能让知识和经验牢牢记住，但个人的情绪、兴趣等因素又会对记忆产生很大的影响，尤其儿童记忆以无意记忆为主，这就需要充分调动儿童的情绪和兴趣，利用玩具来培养儿童记忆是一种很好的方式。如让儿童认识中国地图，就让他玩中国地图的拼图玩具，边玩边告诉他省、城市、河流等，当他拼完时也对中国地图有了大概了解，之后再重复多次，儿童就能掌握中国地图了。

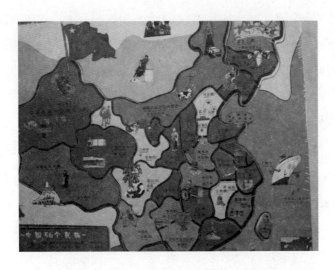

以中国地图为主题的拼图类玩具

（三）丰富儿童的想象力

玩具是引起幼儿想象的物质基础，可以引起幼儿对过去经验的回忆和联想，从而使想象处于极活跃状态。特别是幼儿初期，儿童想象往往都是由外界刺激物直接引起的。但不同类型的玩具，对儿童想象力的发展有不同的作用。如：各种几何图形的结构玩具可以促使幼儿

积塑玩具丰富儿童的想象力

自由想象，组成自己喜爱的各种形体；而这种幼儿通过自己的设想、创造，构成的形象更符合其想象的需要。沙箱可以使幼儿在玩沙过程中随意想象和创造，任意构筑各种物体。随着情节的发展，各种形象的物体还可以无限增加，而这许许多多形象的物体又丰富了幼儿的想象。玩"积塑"玩具时，

儿童要构思，要设想，要为实现既定的目的而选择材料；动手组装时，既要动手，又要动脑，同样也丰富了儿童的想象力。而且在这一氛围中，易于在一些客体与观念之间形成一些独特的关系和联想，这些独特的关系和联想一旦遇到日后现实可能性的催生，就会有所创新。

（四）激发儿童的思维能力

人类从婴幼儿到成人的成长过程中，思维逐步地由低级水平向高级水平发展。但在人的成长过程中，思维并非是被动地随年龄的增长而有所发展，它受很多因素的影响，其中适宜性的玩具是有利于儿童思维的发展的。如处于具体想象思维阶段的儿童，他的思维活动都是与具体事物相联系的，可用系列图片让儿童排顺序讲故事来训练儿童的逻辑思维能力，用七巧板来培养儿童的创造力。处于抽象思维阶段的儿童，可以较为复杂的智力玩具、拼图玩具等来培养儿童的思维能力、创造能力。

二、有利于促进儿童认知发展的玩具的特点

（一）直观形象性

玩具的形态通常分为自然形态和抽象形态。具体形象的玩具更适合儿童的年龄特点，更有利于丰富儿童的感性经验。同时，直观形象性的玩具，更

充满挑战性的低结构性玩具发展儿童的创造力，促进认知能力的发展

有利于激发儿童的联想活动。如娃娃家的玩具能引起幼儿对家庭的联想，能促使幼儿开展创造性的角色游戏，从而促进儿童各种认知能力的发展。

（二）挑战性

冒险行为是成长过程中重要的一部分，良好的玩具应具有冒险行为是成长过程中重要的一部分，良好的玩具应具有挑战性，包含发现困难、遇到问题、思考、解决的过程。因此，具有挑战性的认知类玩具可激励儿童探索的兴趣和发现的精神，增强意志力，丰富想象力，发展儿童的创造力。如拼图板、数字拼图、各式模型等。

（三）低结构性

低结构性的玩具的特点是：多变的、可操作。儿童认知玩具的结构不需要太复杂，可以提供儿童一些类似于"半成品"的材料性玩具，如积木、橡皮泥等，儿童只要将它们适当地组合，就可以构成各种各样的造型，这样更能充分发挥儿童的想象力。

第五章　玩具与儿童情感、社会性发展

第一节　玩具与儿童情感发展

一、儿童情绪情感的发展

（一）情绪和情感的概念

情绪和情感是人对现实世界的一种特殊反映形式，是客观现实是否符合人的需要而产生的态度体验。

当客观事物作用于我们时，每个人都有自己不同的态度，有时感到开心和快乐，有时感到痛苦和忧伤，有时感到爱慕和钦佩。这些快乐、痛苦、爱慕和钦佩都是情绪和情感体验的不同表现形式。因此，"体验"是情绪、情感的基本特征。

人之所以对现实世界产生不同的情绪情感体验，是由于客观现实与人的需要之间形成了不同的关系。当客观现实满足人们的需要时，会使人产生积极的情绪情感；当客观现实不符合人们的需要时，会使人产生消极的情绪情感。但客观现实是否满足人的需要，又受到个体认知的影响。

（二）儿童情感发展的特点

1. 婴儿期（0～3岁）

儿童在出生时就有原始的不分化的情绪反应。如新生儿对各种引起身体不适的情境——疼痛、饥饿等等，都会做出哭喊、乱踢乱动等无方向性的杂乱反应，使大人难以分辨出其确切的情绪。随着年龄的增长，在外界环境的影响下，婴儿的情绪反应逐渐分化为愉快的积极反应和不愉快的消极反应，即表现为喜爱和高兴或厌恶、恐惧和发怒。1 岁半以后，婴儿情绪的分化更为明显。

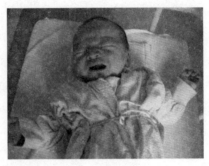

婴儿的情绪具有两极性的特点，非常不稳定

2. 幼儿期（3~6 岁）

到了幼儿期，幼儿的情绪和情感变化带有一定的规律性，呈现出其发展的一般特点：

第一，从幼儿情绪和情感的进行过程看，幼儿情绪和情感的发展具有三个特点：①幼儿情绪和情感的不稳定。到了幼儿期，幼儿情绪和情感的稳定性虽然比婴儿期稍有提高，但仍是经常变化和不稳定的，甚至喜怒、哀乐两种对立的情绪也常常在很短的时间内互相转换。比如，当幼儿由于大人不给他买衣服而哭时，如果给他一个玩具，他就立刻会破涕为笑。随着年龄的增长，幼儿的情绪和情感逐渐趋向于稳定，受一般人的感染较少，但受老师的感染仍然很大。幼儿情绪和情感的稳定性的发展与幼儿个性的形成有密切的关系。稳定的情感，逐渐成为性格的特点。比如，热爱劳动、热爱学习、具有同情心等。②幼儿的情感比较外露。幼儿初期，幼儿的情感完全表露于外，丝毫不加控制或掩盖。比如初上幼儿园的幼儿，由于离开了熟悉的家庭环境而大哭起来。③幼儿的情绪极易冲动。幼儿期的幼儿常常处于激动的情绪状态，他们的情感非常容易受外界事物的影响而冲动。这种现象在幼儿初期尤为突出。在日常生活中，我们经常可以看到幼儿由于某件小事而使情绪处于激动状态。比如，为争一件玩具，两个幼儿会吵得面红耳赤，甚至动手打起来。当幼儿处于非常激动的情绪状态时，他们完全不能控制自己，而且在短时间内不能平静下来。幼儿晚期，他们的情绪冲动性逐渐减少，自我调节情绪的能力逐渐发展。家长和老师的不断教育和要求及幼儿所参加的集体活动，有利于使幼儿逐渐学会控制自己的情绪，减少冲动性。

第二，从情绪和情感所指向的事物看，幼儿情绪和情感的发展具有两个明显的特点：①情感所指向的事物不断增加，情感不断丰富。幼儿期的社会性需要比婴儿期大为发展，需要所指向的事物的范围也不断扩大。随着幼儿社会性需要的发展，由于满足或不满足需要而引起情感体验的事物不断增加，情感随之而不断丰富。比如，对人的情感，可按需要分为亲爱、尊敬和同情以及怨恨、愤怒和厌恶；对周围的事物，出现好奇或诧异；对自己和别人的行为，则有骄傲和羡慕、惭愧和失望、忧愁和悲痛等等。到上学前，幼儿已经具备了各种重要的情感体验，并表现出对周围现实的多种多样的态度。②情感所指向事物的性质逐渐变化，情感日益深刻。幼儿的社会性需要发展是与幼儿认识事物的发展相联系的。由于幼儿需要的变化，引起幼儿情绪和情感的事物及其性质也发生了变化。随着幼儿言语和认识过程的发展，他们的社会性需要和情感也发展起来。有些能引起较小幼儿情绪体验的事物，对较大幼儿则不起作用了；反之，较小幼儿不关心的事物，则能引起较大幼儿的情感体验。

3. 少儿期（6～12岁）

在与同龄人接触的过程中，少儿期的情感与幼儿阶段相比，发生了一些典型的变化。6～12岁的儿童会主动寻求与同龄人接触，而与父母的关系退居其次。在少年晚期和青年中期，这种需要将达到顶峰。此阶段儿童情感发展的稳定性、可控性、丰富性、深刻性都得到了一定的发展。但与成人相比，又还存在一定的差距。

二、玩具对儿童情感发展的作用

在独生子女家庭中，儿童由于缺乏与之心理年龄相适应的沟通语言、游戏伙伴，而容易形成孤独感和失落感的现状，而玩具可以满足儿童的情感需要，弥补儿童心理上的缺失，促使他们的心理向积极的方面发展。

玩具是促进儿童情感发展的一个重要媒介。根梅纽斯在论述玩具的作用时，他认为"这些东西，可以帮助他们自寻其乐，并可锻炼身体的健康，精神活泼，身体各部也因此而灵敏。总之，儿童所喜欢玩的东西，只要于他们无伤害，都应该使他们满足，而不应该禁止他们。"对于儿童来说，玩具与其生活和学习的联系密不可分，他们可以通过玩具发展他们的情绪情感。具体来说，玩具对于儿童的情感发展主要表现在以下几个方面。

（一）代偿作用

我国独生子女越来越多，在家里无兄弟姐妹，玩具可以填充他们的生活。当父母不在身边，一个人在家时，玩具可以成为他们的玩伴。幼儿可以与洋娃娃窃窃私语，喂其吃饭、与其同枕共眠，他们可以用积木搭房子、摆火车并且嘴里不停地模仿各种声音，从中获得快乐和满足。玩具在一定程度上消除了幼儿的孤独与寂寞，更使其心理上获得莫大的安慰，在情感上起到了代偿、抚慰的作用。

（二）连接与其他儿童情感交流的纽带

儿童期存在着一种以"物"为媒介的交往，在这种交往中，儿童主要是通过"物"来实现与另一方主体（成人或同伴）的互动行为，"物"扮演着交往中桥梁纽带的角色。玩具正是此"物"之一。在生活中，我们经常能够看到两名或多名幼儿因为一个玩具而走到一起，一同玩耍，一同操作玩具。玩具作为媒介，拉近了儿童之间的距离，促使他们通过沟通、交流，在与"物"的交往中获得新的认识、经验、能力、习惯等，这些也为他们以后的人际交往奠定了坚实的基础。

（三）激发儿童情感的发展

玩具是儿童个人世界的一部分，孩子可以将现实生活中的喜乐和感受，通过玩具去表达，从而获得另一份满足。例如，他们可以将日常生活中所遇到的事情和洋娃娃诉说；同时可假设玩偶扮演另一个生活中的角色。玩具有时是儿童宣泄的途径，孩子有时不敢在成人面前诉说和发泄不快的情绪，他们可以向心爱的洋娃娃说话和发泄，学习表达自己的情绪，同时使情绪得到一个平衡。通过对玩具的操作，儿童能很好地抒发自己的能量并能满足自己的好奇心。

（四）促进儿童高级情感的发展

通过玩玩具，可以发展和丰富儿童的美感、理智感等高级情感。

美感是人对自然界和社会生活审美的体验，它是一种对大自然和人类社会生活环境美的爱好和欣赏。它受社会历史条件和阶级的制约，受社会的审美评价标准的影响。美感的发展和道德感的发展关系非常密切，凡是符合社会道德规范的行为，都能够引起心灵美的体验；反之，则使人产生丑恶、厌恶之感。许多玩具正是通过色彩、形状来表现自然的美，幼儿在玩的过程中，逐渐加深对美好事物的感受力及表现力。玩具同时还可以培养幼儿的艺术欣赏力。如拼搭积木、拼插塑、插胶粒等，幼儿在操作这些材料时，都会尽自己的能力将其搭、拼、插得更漂亮，实现自己内心的审美需求，在自己的作品中产生美的体验。

儿童心理咨询中经常使用的玩具：沙盘

理智感是由人的认识活动、求知欲、认识兴趣、解决问题等需要是否得到满足而产生的一种情感体验。幼儿会说话之后，其求知欲开始日益发展，好奇心更为明显地表现出来，求知欲的扩展和加深是幼儿理智感发展的主要标志之一。大约5岁左右，幼儿的求知认识兴趣开始萌发，理智感也同时开始迅速地发展。突出表现在对任何新鲜事物都想"探索"一下，他们好看、好摸、好动、好拆，而且很喜欢提问，"这是什么？"，"那是什么？"当幼儿拿到玩具，通过自己的探索，体验到玩具的乐趣时，他们就会产生愉快和满足的情感，感到极大的愉快。幼儿晚期理智感的发展，还表现在他们喜欢开展各种"动脑筋"的或以科学常识为内容的益智玩具，如七巧板、九连环的操作等等。这个时期，若能因势利导，激发儿童的理智感，加强教育与培养，既有利于儿童良好个性的形成，又能促进其智力迅速发展，这对幼儿的身心健康发展具有十分重要的意义。

三、有利于促进儿童情感发展的玩具的特点

从儿童的认知水平来看，儿童情感体验层次主要集中于物境和情境两个层次。儿童情感体验层次的物质层面即物境。在物质层面是指从视觉、听觉、嗅觉、触觉中获得的体验，儿童玩具通过具体的形态、色彩、声音等外在的物质表现刺激人的感觉器官。

（一）物境层面

1. 形态方面

苏珊·朗格在《情感与形式》中提到："形式既为空洞的抽象之物，又有自己具体的内容，艺术形式具有一种非常特殊的内容，即它的意义。在逻辑上，它是表达性的或具有意味的形式。它是明确表达情感的符号，并传达难以琢磨却又为人熟悉的感觉。"玩具的形态通常分为自然形态和抽象形态。抽象形态是在自然形态的基础上，发挥了设计师的主动性与独创性，在仿真人物、动物或者其他事物的基础上，加进自己的设计理念与设计方法，创造一个不同于"仿真玩具"的"抽象玩具"。同时，融合了人的情感以及对于客观事物的认识与理性的分析。最后创造出一个不同于"写实形态"的"抽象形态"。用通俗的话来说，自然形态的玩具设计是"做得和真的一样像"，其标准是介于实物本身是与不是之间，甚至是完全杜撰出来的形象。玩具设计必须遵循符合儿童的需要与爱好的原则。否则，抽象到无法欣赏和明白的地步，不能引起儿童的注意和兴趣，这样的玩具是没有市场的，也就更谈不上满足儿童的情感需求了。

2. 色彩方面

色彩在情感表达上给人非常鲜明而直观的视觉印象。康定斯基说过："色彩对人这样的有机体能产生巨大的作用，并且直接影响着精神和情感，这是不容置疑的事实。心理实验证明，不同的色彩有不同的情绪反映，并使人产生联想。"色彩在儿童玩具中具有先声夺人的艺术魅力。儿童玩具应以儿童情感需求为基准，进行科学、合理的搭配。

对儿童来说，由于儿童的感色能力还没有发育成熟，只能感受一些单纯的色彩刺激，所以，儿童需要的色彩为少色性，总的倾向为单纯、明快、鲜艳、柔和。

玩具设计中的配色是一门大学问

3. 材质方面

儿童玩具具有不同的材料，从而表现不同的质感。材质从视觉和触觉两个方面影响儿童的情感体验。触感尖锐的玩具会使孩子的神经趋于紧张，因而产生不愉快的感觉，反之，柔软的玩具会使孩子的精神松弛，进而产生舒适、安详的感觉。因此，当孩子情绪激动或无法入睡时，可让他拥抱柔软的填充玩具，使他原本兴奋的情绪能逐渐松弛下来。不同的材料具有不同的心理情感效应：塑料具有致密、光滑、细腻、温润的材质特征；钢材具有深厚、沉着、朴素、坚硬、挺拔的材质特征；有机玻璃具有清澈、通透、发亮的材质特征；木材具有朴实无华、温暖、轻盈的材质特征，让人感到自然的气息。木材有美丽的纹理，其质地、色泽象征着自然和生机，使人有亲切感。对于儿童玩具的材质的选择，应该结合其心理效应进行分析和选择，选择合适的材料。

4. *声音方面*

儿童很容易被声音吸引，在玩具中嵌入声音，能够引起儿童的兴趣、好奇心以及愉悦感。儿童玩具中的声音分为三类：情境性的背景音乐，基于操作的反馈音，警告音和提示音。根据不同玩具的不同玩法，有必要选择性地嵌入各种声音。

有着丰富情境性的芭比娃娃

（二）情境层面——体验生活的情境性

在情境层面上是指模拟社会生活情境性中的事、物及场景，从而对引导儿童了解社会、体验人生有促进作用的特性。生活情境性可以说是玩具最古老的、原发性的特性之一。许多玩具的产生都是源于儿童模仿成人生活的本能性冲动。芭比的设计打开了小女孩们的视野，她们可以通过芭比感知到幼儿园以外的世界，让她们与芭比一起体验生活的各个层面。从海滩女郎到政治家，芭比变化万千的形象激发了孩子们的想象力，她们希望自己在长大后也能像芭比一样。通过这种娃娃，小女孩可以意识到她们能够实现的任何梦想。这样"生活情景性"的玩具设计使芭比以一个活生生的形象走进孩子们的生活中，满足了孩子内心的愿望和丰富的想象，深得儿童的青睐。

第二节　玩具与儿童社会性发展

社会性是作为社会成员的个体为适应社会生活所表现出的心理和行为特征。社会性强调的是人们在社会组织中符合社会传统习俗的共性的行为方式。社会性发展是儿童健全发展的重要组成部分，儿童社会性发展主要包括人际关系和社会行为的发展。

儿童的人际关系主要是指儿童的同伴关系。儿童的社会行为包含性别角色行为、亲社会行为、攻击性行为等。

一、儿童社会性发展的特点

（一）同伴关系的发展

1. 儿童同伴交往发展的阶段

儿童出生时只是一个生物个体，无所谓个性和社会性。婴儿的心理活动还是片段的、无系统的、易变的，仅有自我意识和社会性的萌芽。个性的初步形成是从幼儿期开始的，这时社会性也有了进一步的发展。儿童同伴交往主要经历了三个发展阶段：

第一阶段：物体中心阶段。这时儿童之间虽有相互作用，但他们把大部分注意都指向玩具或物体，而不是指向其他儿童。

第二阶段：简单的相互作用阶段。儿童对同伴的行为能作出反应，并常常试图支配其他儿童的行为。

第三阶段：互补的相互作用阶段。出现了一些更复杂的社会性互动行为，对他人行为的模仿更为常见，出现了互动的或互补的角色关系。这一阶段，当积极性的社会交往发生时，常伴有微笑、出声或其他恰当的积极性表情。

2. 同伴关系发展的特点

3岁左右，儿童之间的交往主要是非社会性的，彼此间没有联系，各玩各的。4岁左右，联系性游戏增多，5岁以后，儿童间的合作性增强，同伴交往的主动性和协调性逐渐发展。幼儿期同伴交往主要是同性别的儿童交往，且随着年龄的增长越来越明显。女孩更明显地表现出交往的选择性，其4岁以下儿童的"平行游戏"偏向更加固定，男孩对同伴的消极反应明显多于女孩。

（二）性别角色、性别行为的发展

1. 相关概念

（1）性别角色

社会成员所公认的适合于男人或女人的动机、价值、行为方式和性格特征等，反映了文化或亚文化对不同性别成员行为的适当性的期望。

（2）性别行为

性别行为是男女儿童通过对同性别长者的模仿而形成的自己这一性别所特有的行为模式。

2. 儿童性别角色发展的阶段与特点

儿童性别角色的发展经历了四个发展阶段：

第一阶段：2～3岁，知道自己的性别，并初步掌握性别角色知识。

玩具选择的性别差异

孩子能区别出一个人是男的还是女的，就说明他已经具有了性别概念。儿童的性别概念包括两个方面：一是对自己性别的认识，一是对他人性别的认识。儿童对他人性别的认识是从2岁开始的。但这时还不能准确地说出自己是男孩还是女孩。大约到2岁半至3岁左右，绝大多数孩子能准确地说出自己的性别。同时，这个年龄的孩子已经有了一些关于性别角色的初步认识，如女孩要玩娃娃，男孩要玩汽车等。

第二阶段：3~4岁，自我中心地认识性别角色。

此阶段的儿童已经能明确分辨自己是男还是女，并对性别角色的知识逐渐增多，如男孩和女孩在穿衣服和游戏、玩具方面的不同等。但对于三四岁的孩子来说，他们能接受各种与性别习惯不符的行为偏差，如认为男孩穿裙子也很好，几乎不会认为这是违反了常规。这说明他们对性别角色的认识还不很明确，具有明显的自我中心的特点。

第三阶段：5~7岁，刻板地认识性别角色。

在前一阶段发展的基础上，儿童不仅对男孩和女孩在行为方面的区别认识得越来越清楚，同时开始认识到一些与性别有关的心理因素，如男孩要胆大、勇敢、不能哭，女孩要文静、不能粗野等。但与儿童对其他方面的认识的发展规律一样，他们对性别角色的认识也表现出刻板性。他们认为违反性别角色习惯是错误的，并会受到惩罚和耻笑的。如一个男孩玩娃娃就会遭到同性别孩子的反对，认为不符合男子汉的行为。

第四阶段：7~12岁，丰富、灵活地认识性别角色。

进入小学之后，儿童有关性别角色的知识更加丰富、稳定、灵活。有关研究认为，年龄较小的儿童，由于其认知能力发展的局限，通常把规则看成是必须绝对服从的要求，因而不能容忍不适宜性别行为的出现，而年长的儿童由于能够认识到规则只是一种社会习俗，因而在性别角色认识上态度相对灵活，性别角色成见反而少于年龄较小的儿童。但是需要指出的是，此阶段的儿童由于性意识的觉醒，会产生强烈的与性别相联系的期望，因而会重新恢复到早期所曾有的性别角色的刻板状态。

3. 儿童性别行为发展的阶段与特点

（1）幼儿期

进入幼儿期后，儿童之间的性别角色差异日益稳定、明显，具体体现在以下三个方面：

◆ 游戏活动兴趣方面的差异

在现实中，我们不难发现，在学前期男女孩子的游戏活动中，已经可以看到明显的差异。男孩更喜欢有汽车参与的运动性、竞赛性游戏，女孩则更喜欢过家家的角色游戏。

◆ 选择同伴及同伴相互作用方面的差异

进入 3 岁后，儿童选择同性别伙伴的倾向日益明显。研究发现，3 岁的男孩就明显地选择男孩而不选择女孩作为伙伴。在幼儿期，这种特点日趋明显。研究发现，男孩和女孩在同伴之间的相互作用方式也不相同。男孩之间更多打闹，为玩具争斗，大声叫喊，发笑；女孩则很少有身体上的接触，更多通过规则协调。

◆ 个性和社会性方面的差异

幼儿期已经开始有了个性和社会性方面比较明显的性别差异，并且这种差异在不断发展中。一项跨文化研究发现，在所有文化中，女孩早在 3 岁时就对照看比她们小的婴儿感兴趣。还有研究显示，4 岁女孩在独立能力、自控能力、关心人与物三个方面优于同龄男孩；6 岁男孩的好奇心和情绪稳定性优于女孩，6 岁女孩对人与物的关心优于男孩，6 岁儿童的观察力方面也发现男孩优于女孩。

（2）少儿期

随着儿童性别概念和性别角色知识的发展，儿童进入小学以后，会更有意识地采纳和选择符合自身性别的角色行为，从而使男女角色行为的分化更加鲜明、突出。

（三）攻击性行为和亲社会行为

1. 攻击性行为

（1）概念

攻击性行为，是针对他人的敌视、伤害或破坏性的行为。可以是身体侵害、言语攻击，也可以是对别人权利的侵犯。

（2）攻击性行为的种类

◆ 工具性攻击，以获得自己所渴望的东西为目的，以攻击他人作为达到非侵犯性目的的手段。

◆ 敌意性攻击，以伤害他人为目的的行为，如报复、支配等。

（3）学前儿童攻击性行为发展的年龄特征

2 岁前的儿童的攻击性行为不指向特殊人，到了 4 岁时，儿童会对特殊的人产生攻击性行为。在 3～6 岁时，随着年龄的增长，身体攻击性减少（4岁最高），言语侵犯增多。5 岁以后攻击性行为减少（但敌意在增加），这与教育在关，也与儿童学会合作有关。

2. 亲社会行为

（1）概念

亲社会行为是指对他人或社会有利的行为趋向，又称利他行为。具体包括分享、合作、谦让、援助等。

（2）亲社会行为的种类

◆ 自主的利他行为（出于对他人的关心）。

◆ 规范的利他行为（期待报偿与避免批评）。

（3）亲社会行为的发展特点

儿童的亲社会行为的发展经历了四个发展阶段：

第一阶段：2 岁左右，亲社会行为的萌芽。

研究表明，2 岁左右，儿童的亲社会行为即已萌芽。如有人对15～18 个月的孩子进行了分享行为的观察。他们将分享定义为：把自己的玩具给别人看，或送给别人，或拿出玩具参加他人的活动。观察结果表明，表现出全部三种分享行为的在 12 名较小儿童中有 1 人，在 12 名较大儿童中有 7 人。

第二阶段：3～6 岁，各种亲社会行为迅速发展，并出现明显的个别差异。

◆ 合作行为发展迅速。

幼儿亲社会行为发生频率最多的是合作行为、合作性游戏。有研究发现，在儿童的亲社会行为中，合作行为的发生频率最高，占一半以上。关于儿童的合作行为的发展可以从幼儿同伴交往的发展中看出。

◆ 分享行为受物品的特点、数量、分享的对象的不同而变化。

分享行为是幼儿期亲社会行为发展的主要方面。有研究发现，幼儿分享行为的发展具有如下特点：幼儿的"均分"观念占主要地位；幼儿的分享水平受分享物品数量的影响；当物品在人手一份之外有多余的时候，幼儿倾向于将多余的那份分给需要的幼儿，非需要的幼儿则不被重视；当分享对象不同时，幼儿的分享反应也不同；与玩具相比，幼儿更注重食物的均分。

◆ 出现明显的个性差异。

有研究考察某儿童被另一儿童欺负时，附近其他儿童对这一事件的反应。结果发现，毫无反应的儿童极少，只占7%；目睹事件的儿童有一半呈现面部表情；有17%的儿童直接去安慰大哭者；其他同情行为包括10%的儿童去寻找成人帮助，5%的儿童去威胁肇事者，但有12%的儿童回避，2%的儿童表现了明显的非同情性反应，这表明幼儿的亲社会行为存在个别差异。这说明亲社会行为的发展需要适当地引导和教育。

第三阶段：6~12岁，亲社会行为呈增加趋势。

儿童的亲社会行为在生命早期即已出现。随着年龄的增长，在社会强化的影响下，6~7岁儿童的亲社会行为呈逐渐增加的趋势，集中表现在以下几个方面。

◆ 分享行为

分享行为即面对一些物品与利益时，儿童愿意与别人合理分配、共同享有。小学儿童的分享行为表现出以下几个特征：当物品和人数对等，儿童倾向于"均分"，如果两者不对等，多数儿童愿意表现出"慷慨"；年幼儿童大多倾向分给"能者"，年长儿童大多倾向分给"需者"，这种转折发生在7～9岁之间；小学儿童的分享观念和行为在四年级出现明显的变化。总的说来，童年期儿童的分享行为具有很强的情境性。

◆ 助人行为

助人行为即在别人需要时，提供物质或活动上的帮助。儿童的助人动机是多种多样的，可分为由情境直接引发的助人动机、互惠性助人动机、责任心和义务感驱使的助人动机、服从权威的助人动机、利他性动机以及角色期望所产生的助人动机。调查表明，童年期儿童助人动机发展的特点是：在各年级中同时存在多种助人动机，低年级的主导动机是互惠助人，高年级的主导动机是利他性助人；男女儿童在助人动机的发展上无显著差异。

◆ 合作行为

此阶段的儿童对合作行为的偏爱超过竞争，但现实问题是不知道怎样与别人合作。研究还表明，儿童合作行为的发展与他们的社会交往技能、社会认知能力和自我概念有密切关系。随着儿童社会认知能力的发展，他们已能根据不同的社会目标比较灵活地采取合作或竞争行为。例如，

儿童的亲社会行为在日常活动中多有体现

对合作行为进行奖励时，7岁、12岁儿童都能更多地采取合作行为，但如果

奖励取消，他们的合作行为就会减少。又例如，6~9岁的儿童在合作性目标条件下，合作行为就增多，而且能更好地完成任务，而在竞争性目标条件和中性指导语的条件下，竞争行为就增多，完成任务的成绩也较差。

二、玩具对儿童社会性发展的作用

个体社会性发展也就是个体社会化的过程，它是指个体在与社会的相互作用中，通过学习和内化社会文化，逐渐形成适应该社会的行为方式，履行该社会所期待的角色行为，发展自身社会性的过程，是个体从自然人转化为符合该社会要求的过程。玩具的必要性不容忽视，对幼儿社会性发展的影响也深刻。这种影响主要表现为玩具对于幼儿在社会交往能力、亲社会行为以及儿童性别角色发展等方面的作用。

（一）玩具能够促进儿童建立良好的同伴关系

对于儿童来说，玩具除了是自己的玩伴，更是儿童同伴交往的重要沟通桥梁。许多儿童都喜欢把自己喜爱的或者新得到的玩具带来炫耀，这时其他儿童会非常羡慕。对于活泼开朗的儿童而言，他们会非常乐意把自己的玩具和同伴分享并从中获得快乐与成就感。当然，对于安静、沉默寡言的儿童，教师也会注意引导儿童利用自己手中的玩具和同伴进行分享；让儿童知道自己的玩具可以帮助他交到好朋友，这时的玩具为促进儿童双方相互了解、增进友谊架起了一座"桥梁"。

由此可见，玩具是儿童进行社会交往的起点，它为儿童提供了大量的交往机会，帮助儿童学会正确地处理自己和同伴之间的关系，加快了儿童社会化的进程。

（二）玩具能促进儿童社会行为的发展

家长也可利用玩具促进幼儿间的同伴交往，促进孩子社会行为的发展。例如：家长可以请孩子们邀请自己的好朋友经常来家里做客。当孩子们在一起时，玩具是他们沟通交往的桥梁，家长这时利用这种特定的环境，引导自己的孩子要当好小主人，不能和自己的好朋友争抢玩具，应该主动把玩具让给小客人。通过家长有意识的引导，幼儿会逐渐懂得和同伴分享的快乐，从而促进儿童良好的社会性发展。

（三）玩具能够激发儿童的亲社会行为

从玩具与亲社会行为的关系来讲，玩具作为儿童期的一个重要的玩伴，与儿童的社会化进程紧密交织在一起。玩具与亲社会行为之间存在一种双向关系。亲社会行为可能会使儿童喜爱某种类型的玩具，而排斥另一种类型的玩具。同时，玩具可以为儿童提供许多重要的社会技能，如轮流、分享、合作以及了解他人思想的能力的环境。

首先，玩具是学前儿童交往的媒介。在玩的过程中，有时会碰到一些因玩具或角色分工而引起的纠纷，比如两个人同时想玩同一样玩具或扮演同一角色，这就要求儿童学会与同伴分享玩具、分享角色。例如：愿意和别的孩子一起分享自己心爱的玩具，使每个儿童得到满足，这也就培养与稳固了分享行为。

其次，玩具有利于儿童学会谦让、帮助别人，克服自我中心化。儿童在这一学期往往以自我为中心，但是在玩情境性的玩具时，儿童必须以其他角色出现，把自己置身于一个虚拟的环境，在这种自我与角色的同一与守恒中，儿童能够学会发现自己与角色的区别。使儿童的自我认识得到发展，才能学会从别人的角度看问题，克服自我中心化。在玩情境性玩具时，儿童要就玩的主题、情节、玩法、场景布置进行交流，共同讨论谁扮演什么角色、怎样布置场景等来共同完成游戏活动。这就要求幼儿学会互相谦让，以达到共同目的。在玩耍过程中有两人或多人才能完成的任务，也必须让儿童学会帮助别人，使游戏正常进行，这些活动都让儿童学会相互谦让、相互帮助的亲社会行为。

再次，玩具有利于合作行为的培养。合作行为是指两个或两个以上的个体为达到共同的目标而协调活动，以促进某种既有利于自己又有利于他人的结果得以实现的行为。合作行为作为一种基本的互动形式，一直是个体社会化研究的重要领域。玩具是儿童社会交往活动的重要媒介。合作精神的有

无、强弱是对孩子的教育是否成功的重要标志，和幼儿长大进入社会后能力能否发扬与事业能否成功有很大的关系。很多时候，幼儿在家的游戏和学习活动都是由家长来安排，很少有与别人协商完成。但是在一些玩具的玩耍中能够引发幼儿主动与玩伴进行协商和合作，并且他们总是会玩得很尽兴、很开心。快乐的过程是不容易遗忘的，这种行为慢慢地上升为幼儿的意志，进而促成了协作意识的形成，社会性的发展就再次上一个台阶。

（四）作为中介，玩具能够促进儿童性别角色的发展

每个社会、每种文化都会对男性和女性在各个方面提出不同的要求，如穿着打扮、言谈举止、个性特征等。社会对男性和女性行为的要求可以表现在任何方面，大到社会分工、家庭分工，小到穿着打扮、言谈举止，处处都有一把无形的尺子在衡量着你，也时时有一个框架在束缚着你，使一个人自觉不自觉地按照社会要求的行为方式去活动、交往，这就是性别角色的作用。

一个个体要获得自我的良好发展并适应社会，就需要学会认识自己的性别，并发展与性别相适应的态度、行为。个体性别角色的获得，主要发生在儿童阶段。在这个阶段，玩具是儿童生活中的重要"伙伴"。玩具是儿童性别角色发展过程中的重要伴随物。玩具是成人、同伴影响儿童性别角色行为

发展的重要中介，玩具塑造着儿童的性别角色行为。

成人由于性别认知观念的作用，对男孩更注重其作为社会成员应具有的男性品质的培养，如获取成功、刚毅、勇敢、探索、独立性、竞争性等，因此往往会为男孩提供操作性强、活动量大，具有对抗性、竞争性的玩具，而男孩在违背性别角色行为时惩罚更为严厉。反过来，对女孩则更加注重其女性成员的行为：温柔、细致、安静、善良等，因此往往会为女孩提供活动量小、不具对抗性、柔软的玩具，如娃娃、生活用品模型等过家家类的玩具。

三、有利于促进儿童社会性发展的玩具的特点

（一）合作性

合作性是指个人与个人、群体与群体之间为达到共同目的，彼此相互配合的一种联合行动。通常合作性的玩具包括运动型玩具和棋类玩具等。其中，运动型的玩具主要有乒乓球、足球、篮球等。棋类玩具有围棋、象棋、飞行棋等。这些玩具本身就具有合作性质，双方必须合作才能进行游戏。儿童在玩此类玩具的过程中会产生争执、协商、轮流等行为，继而会引发帮助、求助等行为。这一过程实际上体现了"相互性"的特征，这种特征是建立在儿童相互协作的基础之上的。因此，这一类的玩具更有利于培养儿童的社会性交往能力，尤其是合作意识和规则意识的培养。

（二）情境性

富有情境性的玩具主要是指供儿童进行角色扮演的玩具。如一套塑料木工工具玩具，里面包括小锤子、小改锥、小电钻、小锯、小尺等；扮演医生的玩具，如听诊器、小注射器等等。在玩此类玩具时，儿童必须和同伴商议角色分配、合作进行问题处理，这样游戏才可以顺利进行。这就促使儿童不断地认识自己，协调自己与他人的关系，提高自己的社会交往能力。儿童在玩情境性的玩具时，有机会学习扮演社会角色和学习成人社会各类社会角色应有的行为方式，从而有助于儿童理解社会角色之间的关系。

　　上述两类玩具都为促进儿童社会性的发展提供了可能性，但其价值是否能够充分发挥还需看成人如何引导和指导。

第六章　各年龄段儿童与玩具

本章将对 0～3 岁、3～6 岁、6～12 岁这三个年龄段儿童的玩具特点做一些探讨。

第一节　3 岁前儿童发展与玩具

一、0～3 岁儿童的玩具偏好

（一）0～3 个月

也许有些父母认为这么小的宝宝不需要什么玩具，他们根本不懂得玩耍。研究表明，即使新生儿也有很强的学习能力。从一出生，他们就会用自己的独特方式来认识周围的世界。不到一个月的宝宝，吃饱睡足后也能积极地吸收周围环境中的信息。

在本阶段儿童对物件的玩耍有限，因为儿童在这阶段主要是通过自己身体的动作来进行学习，如自发的踢和手臂运动。开始时，他们仅仅使用眼睛和耳朵进行探索。新生儿的注意力集中点是距离他们脸部 8 英寸的位置。但这距离会随着时间而增加。在这一阶段末期的儿童可看到几英尺以外的物体，玩耍物体应该在他们这一可视的距离内。他们容易被明亮和跳跃的颜色所吸引，特别是黄色和红色，还有带有强对比图案的物体，如黑白螺旋图案等。

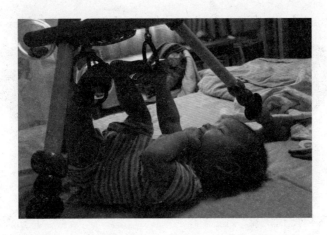

3个月时他们开始会向摇摆的物体击打和伸出手去抓。他们很可能将抓到的任何东西放进嘴里，或者有急拉和其他不可预期的动作。所以，带有圆角的柔软的、轻的、可洗的、容易抓住的物体最适合他们使用。

他们开始学习和欣赏通过简单动作就可以产生明显、直接反应的玩具。例如那些通过简单的踢和摇就可发光、移动和发声的玩具。带有明亮色彩和图案且发出轻柔声音的玩具会吸引且适合这类儿童。

（二）3~6个月

在这一阶段，手眼协调动作发生了，宝宝可以准确地把手伸向玩具，不像前一阶段手要在玩具周围转几圈才能拿到。宝宝可以做出一些简单而有效的动作：坐在桌边时，宝宝喜欢用手抓挠桌面，够桌上的玩具；宝宝喜欢撕纸，会摇动和敲打玩具，记住不同的玩具有不同的玩法和功能；玩具掉了，宝宝会顺着掉的方向去看；并且两只手可以同时抓住两个玩具。

针对新生乳儿的心理与行为特征，那些色彩鲜亮明快的、质地柔软的、特征性明显的玩具会比较受乳儿注意。同时，一些能够产生简单运动的或能发出简单舒缓音乐的玩具，乳儿也比较关注。这样的玩具质地可以为毛绒玩具、软塑胶玩具。此外，一些大的图片，如胖娃娃卡通造型、白兔卡通造型等有助于他们进行识别。

音乐是人类的"元语言"，音乐玩具能诱发儿童的身体和智力活动，激发探索欲

（三）6~12个月

宝宝拇指和食指的配合也越来越灵活，能熟练地捏起小豆子；手眼协调有了很大的提高，宝宝喜欢尝试把豆子放入小瓶里；他能把包玩具的纸打开，拿到玩具；拿着蜡笔，宝宝在纸上戳戳点点，并"嗯嗯哎哎"地让大人来看他画出的笔道。宝宝喜欢摆弄玩具，对感兴趣的事物长时间地观察。他开始有记忆力，当妈妈说到小狗的时候，宝宝不用看实物或图片就能明白妈妈指什么，并用"汪汪"来表示；宝宝会记住事情，当妈妈放给他听熟悉的儿歌，宝宝非常兴奋地发出"呼呼"的声音；经过餐桌，宝宝会伸手去够面巾纸盒，他还记得把面巾纸一张一张抽出来的快乐。

"躲猫猫"游戏能促进儿童向前运算阶段过渡

宝宝更喜欢玩藏东西的游戏，他已经建立起"客体永久性"的概念，不会再犯"脱离视线，记忆消失"的"幼稚错误"。宝宝会推妈妈的手或看着妈妈的眼睛，恳求她把够不着的玩具拿过来。

在这一阶段末期，这些儿童开始模仿手势和模仿使用物品。感官玩具特别吸引他们，因为他们开始明白一些简单的因果关系。明亮的颜色，特别是黄色和红色，仍然吸引这一年龄组的儿童。强对比和复杂的图案也吸引他们。那些表现一些他们熟悉的物体的图画对他们也有很强的吸引力。他们适用的玩具应柔软、坚固、边缘圆滑并且容易被他们抓住或操控。

（四）12～18个月

这一年龄的儿童主要的心理表现有了极其重大的变化和发展，主要体现在：首先，在这个时期，儿童学会了随意地独立行走，独立行走相应地扩大了儿童的认知范围，手的触摸也相当灵活了，可以比较准确地抓握熟悉的物品。其次，儿童的语言也开始发展，能与成人交流部分语言和意图，伴随着语言的发展，儿童开始了最初的一些娱乐和游戏活动。这种游戏的水平还是很低的，也仅仅是在有意识地简单模仿家长习惯性或刻意要传达给儿童的动作，这种游戏是无主题、片段性的，模仿大人给布娃娃吃饭、穿衣之类的常见行为。对事物有好奇心，注意力比之前有所增加，但不具备长时间的观察能力，动作行为倾向于做一些简单的张望、推、拉、装、填、倾倒和触摸之类的动作，可以通过触觉、嗅觉、味觉以及其他感觉来观察事物了。

该阶段儿童偏爱的玩具的最主要的特点是色彩鲜艳，如图书、图片。图书和图片色彩鲜艳，孩子既可看到图片中的画面，又可认识色彩，学说词语。

（五）18～24个月

这一年龄段的宝宝大动作和精细动作的能力发展较快，手眼配合能力、手的操作能力明显提高，会握笔，也会用积木搭更高一些的塔，行走和跑动更为自如，喜欢模仿大人的各种动作，感情日益丰富。

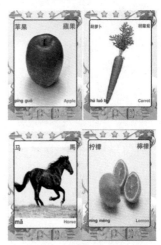

婴儿使用的认物卡

(六) 2 岁

在这个阶段的儿童已经可以进行装扮玩耍。儿童经常扮演一些社会角色，如妈妈、爸爸或小孩。角色扮演成为装扮玩耍的主要部分。在角色扮演中，因为使用了各种物体作为道具以使装扮玩耍的情节更长，他们的装扮玩耍变得更加详细。他们需要用与实物在一定程度上相似的物体作为道具，所以他们会用一块布来代表一个枕头而不是用一只鞋。

幼儿的扮演游戏

他们明白图画可以表示所代表的物体。尽管他们仍然对画画的过程比画好的图画更加感兴趣，在这一阶段他们的乱涂乱画逐渐变成具体的图画，他们对颜色的变化更加感兴趣并开始使用一些简单的艺术材料。开始对电视和电视人物感兴趣，他们熟悉电视节目里的卡通人物并将他们结合到玩耍主题中去。他们经常想知道"为什么"，并开始使用简单的学习和教育玩具。在肌肉粗调节功能提高的基础上，儿童对行走的控制得到了提高。随着身体力量和基本协调能力的提高，他们对各种活动的兴趣增加，他们特别喜欢平衡、攀爬、奔跑、跳跃、投掷、抓、玩沙子或拖拉有轮的物体。

他们能够做简单的拧螺丝的动作，如果所需的力不大，他们能够使用需要拧一到两圈的发条机构。这些儿童对使用小的纽扣和按纽扣感到困难，但他们能够使用大的钩子、纽扣和带扣。他们喜欢更加逼真的玩具，所以明亮的主色系以外的颜色（如一些柔和的颜色）更加吸引他们。但是，这些逼真的玩具不需要在细节上很精细。

（七）3岁

这些儿童进入了装扮玩耍的主要阶段。他们喜欢使用复制的物品进行他们玩耍主题中的角色扮演。在此阶段，逼真的道具（如逼真的玩具电话）能够提高他们对装扮玩耍的兴趣，但是他们也开始使用一些与实物不相像的物品，如他们可能用一只鞋来代表一个枕头。

对建造游戏表现出更大的兴趣。

幼儿园户外玩具

电视人物，特别是温文的、卡通的人物对这一年龄的儿童很重要，因为他们将这些人物作为自己的安全玩伴。性别选择也变得更加明显，女孩喜欢选择娃娃、家庭小道具、穿戴物和艺术材料，而男孩更喜欢玩积木、小的车辆玩具，也更喜欢玩打斗、翻滚的游戏。这些儿童的肌肉粗调节功能有了相当的发展。

他们能够轻易地用脚尖行走和用单脚平衡、单脚跳以及在游乐设施上攀爬和滑行，能够踢和抓住短距离传过来的大球，能够在短距离内瞄准和投掷。例如，此时他们能够在 4 ~ 5 英尺的距离内将球投入篮筐或投中标靶。

他们此时有肌肉精细调节功能，可以接受更复杂的建造玩耍的挑战，可以拼更小块的拼图，进行切割、裱糊和其他艺术活动。对比于完成的作品而言，这一年龄的儿童仍然对用不同方式使用艺术媒介物以及学习它们的特性更加感兴趣。他们开始使用线条来表示分界线，这培养了他们画人物的能力。

二、适合三岁以下儿童的玩具类型

（一）0 ~ 3 个月

适合 0 ~ 3 个月宝宝的玩具类型主要有：

1. 摇响玩具（拨浪鼓、花铃棒等）。

2. 音乐玩具。

3. 镜子。

4. 悬挂玩具：悬挂在床头，能吸引宝宝的视线，发出声音。

5. 家庭相册：让宝宝认识自己、父母。

6. 能发出声音的手镯、脚环等，带在宝宝的手腕、脚腕上，增加宝宝活动的兴趣。

（二）3 ~ 6 个月

在这一阶段，手眼协调动作发生了，宝宝可以准确地把手伸向玩具，不像前一阶段手要在玩具周围转几圈才能拿到。

适合该阶段儿童玩耍的玩具有：

1. 浴室玩具（包括沉、浮玩具）：洗澡时放在澡盆或浴缸里，便于宝宝抓握，增加洗澡的乐趣。

2. 软性球类：能够发出声音的填充玩具，认识填充玩具的名称，如娃娃、小猫等。

（三）6 ~ 12 个月

适合 6 ~ 12 个月宝宝的玩具类型有：

1. 音乐玩具：如将拉绳音乐盒捆在婴儿车上，让宝宝学会如何通过拉绳使音乐盒发出声音。

2. 玩具鼓：随意敲打，满足宝宝手的动作的需要。

3. 小型的彩色积木。

4. 拖拉玩具。

（四）12～18个月

此时适合宝宝的玩具类型有：

1. 球：滚球、踢球。

2. 爬行隧道：练习爬行、攀登。

3. 套塔、套杯、旋转套塔/套杯：体会力量与速度的关系。

4. 玩具琴，随意按键，满足宝宝手的动作的需要。

5. 画笔和画板；各种形状的立体插孔玩具；积木；吹泡泡的玩具；玩具电话；能发出声音的拖拉玩具等。

6. 益智玩具：发展感知觉和认识能力的玩具，如具有不同颜色、形状、质地、声音的玩具；促进动作发展的玩具，如能推拉的小车、球类、沙包等；训练手的精细动作的玩具，如套环、套筒、积木、串珠等；促进语言和认知能力的玩具，如小动物、交通工具、娃娃、小生活用品、图书等；训练思维和动手能力的玩具，如能玩沙、玩水、拼搭、拼接的玩具。

旋转套塔与套环

（五）18~24个月

适合这个阶段宝宝的玩具有：可拆装的玩具；可扔进容器的大彩色珠子；排序玩具；小橡皮球；大蜡笔；沙盒；玩具铲子；简单的乐器，如鼓和铃铛；玩具车；可摇晃的玩具马。

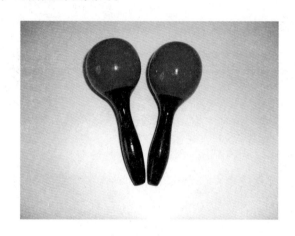

乐器玩具在幼儿园中应用广泛

简单的游戏拼图；简单的建筑模型；旧杂志；篮子；带盖的食管或容器；橡皮泥；活动玩具，如小火车、小卡车；假想的割草机和厨房用品；各种角色的木偶；适合搂抱的玩具动物或玩具娃娃。

（六）2~3岁

2~3岁的孩子是器官协调、肌肉发展和对物品发生兴趣的敏感期，是改进动作与时间、空间概念加强的时期，是感觉精确化的敏感期，是学习第二语言的敏感期。是性格培养的关键时期，也是吸收性思维和各种感知觉发展的敏感期。这时孩子往往突然变得乖巧懂事，与父母之间有了沟通和协调。此时帮助孩子与小朋友平等友爱地玩耍以及更多的亲子间交流是培养其社会性的良机。成人要设法带孩子到公园或广场等孩子较多聚集的场所，使他们融入群体之中。

此时期孩子若缺少玩伴，可能会在心理中制造"想象中的朋友"，面对着房间墙壁或图书好像与人说话似地游戏着，这并不是不正常现象，而是渴求玩伴的心理表征。这时的游戏非常重要。适合这个阶段儿童的玩具主要有：

1. 拼图游戏、玩的面团、粘贴物、彩色书、彩色笔、手指画用具、硬纸板书、乐器，各种动物形象的毛绒玩具、玩具餐具、玩具家具、小桶、小铲、小漏斗、小喷壶等。

2. 简单的拼图玩具、成套的小盒、拼插玩具、中小型的积木，各种玩具交通工具，如小汽车、卡车、儿童三轮车、救护车、电动飞机、小汽车、轨道火车等。

3. 大皮球、小皮球、篮球圈、木凳、磁性字母和数字、图钉板、需要自己装配的玩具、简单的卡片游戏和大型拼图、厨房设备玩具。

4. 各种可用来涂沫的颜料、简单的游戏拼图、简单的建筑模型、旧杂志、篮子、带盖的食管或容器、橡皮泥、活动玩具，如小火车、小卡车、假想的劳动工具和厨房用品、各种角色的木偶、适合搂抱的玩具动物或玩具娃娃。

5. 假手枪：通过玩带扳机的玩具手枪，锻炼手劲。开始玩硬塑手枪，食指不用多大劲儿就能勾得"咔咔"响。到两岁半后，可换玩塑钢手枪，用食指很费劲才能勾得"咔咔"响。到两周岁后，还可换玩不锈钢手枪，比较重，打响之前，需费很大劲儿用手拉开枪栓，然后才能用手指勾响。这样孩子的手和手指可锻炼得越来越有劲。

6. 骑童车：通过骑童车，锻炼腿劲。童车是孩子最好的玩具之一，既可以锻炼身体，又可使手、眼、脚的动作协调一致，掌握平衡和控制的能力。

7. 各种球：玩球可锻炼全身。一周岁起开始玩球，先是玩小皮球，用手拍。接着就是玩小排球、小足球、羽毛球，用手打，用脚踢。两岁半后，还可玩标准型少年小足球，连踢带跑，锻炼了全身各个器官，并使全身动作协调发展。

8. 积木：孩子在玩积木的过程中，认识了图形，学会了正确分类，提高了他们的思维能力和促进了他们的智力发展。他们用积木块组装正方体、长方

童车与球类玩具可以训练幼儿尚不发达的大肢体运动能力

体及"大楼"。先按大小，长短，把积木块分类，按红、黄、蓝、绿颜色把积木块分成类，然后把积木块配成对，还可按大小、长短、颜色多个标准统一起来，进行更复杂的分类组合排序的游戏，进而将积木块组成大小不一、颜色不同等各种类型的正方体、长方体、三角体、棱体、锥体和"楼群"等。

9. **玩具电话**：孩子在玩玩具电话的过程中，可学会打电话的基本技能和文明用语。一岁半至两周岁的孩子，可以自己亲手拿电话，连续按上几个号码，并能说出："喂喂，你好！再见！"到两岁半后，在大人帮助下，就能给妈妈打电话了。

10. **叠杯**：对一个两岁末的幼儿来说，叠杯玩具是最变幻无穷的游戏，既可叠成高塔，又可缩成一只单杯，还可把小积木或其他小东西藏在叠杯内再寻找一番。通过这类游戏，孩子们能够知道虽然有些东西眼睛看不见，但却是实际存在的。

11. **玩具车**：到了两岁多，幼儿已经能基本控制自己身体的各部位，可以驾驶小车了。如果小车还能载上他们自己的一些小玩具，而自己又能充当运输司机，那可真是其乐无穷。

12. **拉着会走的动物玩具**：幼儿拉着会走动的"动物"，会让他们着迷，他们慢慢会理解这一根绳子原来还有这样的牵动力量，这比那些电动玩具车更有启智作用。

13. **电动玩具**：孩子在玩电动玩具的过程中，可了解警车的警笛声、老虎的吼叫声等，他们还能亲手拆换电动玩具上的电池，初步了解电能产生光、热、声、力的性能。

14. 儿童早教机：强调寓教于乐。触摸式的操作方式，让孩子易于掌握；图、文、声并茂的界面，激起孩子不倦的学习热情。"讲故事"、"背唐诗"、"做游戏"等包装丰富的软件更为孩子们提供了一个知识的宝库，轻轻松松地达到早期智力开发的目的。

快速发展的电子玩具：遥控车与早教机

15. 多米诺骨牌：这被誉为是"集动手动脑于一体，融精彩趣味为一炉"的趣味玩具。"前后固定、中间可任意摆放"的模式，能有效地培养孩子们的创新意识和想象能力。"一着不慎，满盘皆输"的游戏规则能最大限度地培养孩子们的耐心。它让孩子们认识到成功是一步步换来的内涵，更让孩子们体会到数百次失败后的成功喜悦。

多米诺骨牌对儿童的小肢体动作和意志力的训练效果很好

第二节　3~6岁儿童与玩具

一、3~6岁儿童偏好的玩具的特点

（一）情境性

这一阶段的儿童对演戏和装扮玩耍的兴趣达到了顶峰。他们喜欢发明复杂和戏剧性的虚构情节。他们能制定彼此的玩耍主题，创造和协调在一个详细情节中的几个角色，很好地理解故事的线索。

他们非常喜欢扮演有能力的角色，如父母、医生、警察或超级英雄，这样能够帮助他们更好地理解这些角色，让他们减少惊慌，满足他们表达更宽范围情感的需要。

（二）具体性

随着认知和肌肉粗调节功能的发展，他们更喜欢富有多个细节的玩具。因此，他们越来越喜欢玩操作类的玩具。如：交通工具玩具火车、汽车等，儿童经过反复操作，甚至拆装，提高动手意识，并通过拼搭了解形体之间的相互关系。

（三）运动性

儿童进一步掌握了良好的肌肉调节功能和精细调节功能，他们也更加喜欢在户外活动。因此，能够满足儿童跑、跳的玩具都深受他们的喜欢。如：各种球类玩具、电动汽车等等。

二、适合3~6岁儿童的玩具类型

（一）适合3~4岁宝宝的玩具类型

1. 发展感知觉，促进宝宝认知和语言能力的玩具：简单的拼图玩具、成套的小盒、拼插玩具、中小型的积木；各种动物形象的毛绒玩具；娃娃、玩具餐具、玩具家具；各种玩具交通工具，如小汽车、卡车、救护车等。

交通工具模型玩具受到男孩的青睐

2. 发展和促进宝宝动作的玩具：大皮球、小皮球、儿童自行车、三轮车、套环等。

3. 使宝宝情绪愉快的电动玩具：电动飞机、小汽车、轨道火车等。

4. 促进宝宝精细动作发展的沙滩玩具：小桶、小铲、小漏斗、小喷壶等。

（二）适合4~5岁宝宝的玩具类型

1. 发展小肌肉系统，完善各种动作的协调性、准确性和灵活性的玩具：各种球类如羽毛球、乒乓球以及毽子、跳绳、自行车等。

2. 能够丰富宝宝生活经验、培养各种技巧、发展宝宝智力的玩具：玩娃娃家的各种用具，如小锅、小碗、小家具，木工玩具；各种交通和运输工具，如大卡车、消防车、警车等；各种组装玩具，如积木、建筑模型、七巧板等；各种棋类，如跳棋、五子棋等。

3. 激发宝宝数学兴趣和科学爱好的玩具：计算器、学习机、电脑、遥控汽车、电子积木等。

4. 培养兴趣、陶冶性情、发展审美能力的玩具：电子琴、铃鼓、木琴等。

（三）适合 5~6 岁宝宝的玩具类型

1. 发展语言和认识能力的玩具

这个年龄的孩子发音正确，能用语言表达自己的思想感情，对感兴趣的东西好奇好问。好模仿，因此要给儿童准备户外运动的玩具，启发他们进入角色，懂得上下、左右等反义词，能复述图画内容，选择能显示大小、快慢、长短、高矮等相反意义的玩教具或配对图片等。为孩子提供小动物玩具，交通玩具以及木制、布制玩具。让孩子学会说出玩具物体的名称、外形特征，借助玩具多看、多听、多说。

2. 结构玩具

如积木、积塑，不同形状的厚板、三合板、胶泥、橡皮泥以及一些废旧材料，让孩子进行一些结构游戏，利用这些材料造房子、搭大桥、建火车、塑动物、做桌椅等等，进行创造性游戏，发展孩子的创造力和想象力。

结构玩具一直占据相当多的市场份额

3. 运动型玩具

利于宝宝锻炼体能，如：球类、跳绳、小自行车、沙包等。

4. 技巧型玩具

利于锻炼小肌肉群及机体协调能力，如：钓鱼玩具、画板和画笔、投球、套圈等。

5. 智力型玩具

利于锻炼思维和动手能力，如：拼图板、插塑积木、铁积木、橡皮泥、组装玩具、科学模拟玩具、电子积木玩具等。

6. 成长必需玩具

简易拼图、图片，图书。

参考玩具：

- 绘画用具：蜡笔、水彩笔、各种颜色的电光纸。
- 音乐用具：打击乐器一至两种，如铃鼓、小沙锤、串铃、收录机。
- 手工用具：圆头剪刀、胶水、各种废旧图书和纸。
- 泥工用具：橡皮泥、泥工板。
- 园林用具：剪子、锄、铲、喷水桶。
- 角色游戏玩具：娃娃、餐具、灶具、各种人物形象头饰。

第三节　6～12 岁儿童与玩具

一、该阶段儿童的玩具偏好

（一）6～8 岁儿童的玩具偏好

这些儿童对户外身体活动的兴趣逐渐浓厚。他们寻求掌握更加特殊的身体活动技能，他们变得更加强壮、更加有耐力，可以接受更大的挑战。他们的玩耍带有更多的粗野和冒险行为。他们更关注在自然产生的或制定好的规则中，选一个更复杂的规则来进行他们的游戏或活动。这一阶段的儿童喜欢玩抓子游戏、弹手指、拉弓、建造模型、操控木偶、绣花、车缝、编制等玩具。

基于友谊主题和超级英雄主题的特许人物在这一年龄段的早期非常流行。当接近9岁时，他们开始将兴趣从卡通人物转移到更加接近真实生活的人物，如专业运动明星和真实生活中的电视、音乐和电影明星。此外，在这一阶段的儿童开始更经常地使用逻辑去解决问题，对各种事物进行组织或选择。

卡通片衍生出的玩具往往是学龄儿童的最爱

(二) 9～12岁儿童的玩具偏好

这一阶段的儿童继续发展他们在许多运动、游戏和早期活动等方面的技能。但是，对他们来说一些游戏变得可预见结果和令人厌烦。所以，他们开始寻找一些新的活动以挑战他们得到提高的肌肉调节功能和思考技能。相比于做好的成品，他们更喜欢原材料以创作他们自己唯一的作品。这些儿童喜欢各种更加复杂、高水平的活动，如木工制作、操纵牵线木偶、陶器制作、舞台表演、高级的科学设计和电脑制图。

他们开始了一个新的阶段，在此阶段他们寻求区分和表达更复杂的概念、从具体到抽象转变以及将总的原则应用到具体细节。

这一年龄段的儿童喜欢模仿使用特许产品作为其外貌特征的流行青少年人物、体育明星和音乐家。他们所做的决定比以往更受媒体和同伴的影响。

二、适合 6～12 岁儿童的玩具类型

较之前相比，6～12 岁的儿童喜欢的玩具更具挑战性了。适合此阶段儿童的玩具类型主要有以下几种：

（一）科教型玩具

DIY 拼装积木、拼图、魔方、魔尺、变形金刚、棋类等益智玩具。

（二）技巧型玩具

风筝、自行车、滑冰鞋、手工艺用品、玩偶、木偶和演戏小丑、运动器械、电动遥控、四驱车等玩具。

（三）智力型玩具

九连环、伤脑筋十二块、孔明锁、华容道之类。

（四）运动型玩具

乒乓球、羽毛球、小足球、篮球以及车辆玩具、风筝等。

（五）数字玩具

电脑、游戏机等。

（六）音乐型玩具

小鼓、小镲、小锣、沙锤、响板、三角铁、撞钟、手铃、小摇铃、铃鼓、小钢琴、八音盒等，玩音乐游戏用的各种小动物的头饰及人物角色的头饰、道具等。

参考文献

［1］陈恂眉．学前心理学．北京：人民教育出版社，2003．

［2］张剑，薛峰，孙欣．玩具设计．上海：上海人民美术出版社，2009．

［3］王振伟．玩具设计概论．北京：中国轻工业出版社，2013．

［4］张莉．儿童发展心理学．武汉：华中师范大学出版社，2006．

［5］罗伯特·费尔德曼．发展心理学——人的毕生发展（第4版）．苏彦捷等译．北京：世界图书出版公司，2007．

［6］陈幸军．幼儿教育学．北京：人民教育出版社，2006．

［7］黄希庭．心理学．上海：上海教育出版社，1997．

［8］陈琦，刘儒德．当代教育心理学．北京：北京师范大学出版社，1997．

［9］黄希庭，郑涌等．个性品质的形成·理论与探索．北京：新华出版社，2004．

［10］刘金花．儿童发展心理学（修订版）．上海：华东师范大学出版社，1997．

［11］周宗奎．现代儿童发展心理学．合肥：安徽人民出版社，1999．

［12］王小杨．我国玩具品牌创新发展的策略研究．南京：南京师范大学博士学位论文，2007．

［13］厉无畏．创意产业导论．上海：学林出版社，2006．

［14］张永宁，邱小松，朱华．谈艺术设计的创新教育．长春工业大学学报（高教研究版），2003（12）．